国家兔产业技术体系资助（CARS-43）

兔病看图诊治

任克良　主编

中国科学技术出版社
·北 京·

图书在版编目（CIP）数据

兔病看图诊治 / 任克良主编 . —北京：中国科学
技术出版社，2018.6
ISBN 978-7-5046-7913-0

I. ①兔⋯　Ⅱ. ①任⋯　Ⅲ. ①兔病－诊疗－图谱
Ⅳ. ① S858.291-64

中国版本图书馆 CIP 数据核字（2018）第 093596 号

策划编辑	乌日娜	
责任编辑	乌日娜	
装帧设计	中文天地	
责任校对	焦　宁	
责任印制	徐　飞	

出　　版	中国科学技术出版社
发　　行	中国科学技术出版社发行部
地　　址	北京市海淀区中关村南大街16号
邮　　编	100081
发行电话	010-62173865
传　　真	010-62179148
网　　址	http://www.cspbooks.com.cn

开　　本	889mm×1194mm　1/32
字　　数	80千字
彩色印张	4.5
版　　次	2018年6月第1版
印　　次	2018年6月第1次印刷
印　　刷	北京盛通印刷股份有限公司
书　　号	ISBN 978-7-5046-7913-0 / S・724
定　　价	32.00元

　　我国是目前世界养兔大国，肉兔、皮兔（獭兔）、毛兔饲养量均居世界首位。随着兔业科技的进步和国内外消费者对兔产品需求量日益增加，我国养兔业正在向规模化、集约化和标准化方向发展，但随之带来的家兔群发性疾病发生率有所增加，给养兔生产带来了严重的经济损失。因此，必须提高广大兔业生产者和基层兽医人员对兔病诊治的知识水平与操作技能。

　　为满足广大养兔生产者快速地诊治兔病，应中国科学技术出版社之邀，根据笔者多年研究成果、长期积累的实践经验，参考国内外学者最新研究成果，编写了这本《兔病看图诊疗》。

　　本书以目前危害家兔生产的 30 种主要疾病为主，对每种病重点介绍了病原（或病因）、流行特点、发病机制、典型症状、病理变化、诊断要点、防治措施和诊治注意事项等。为了使读者在发病现场尽快做出正确诊断，并迅速采取有效防治措施，以达到控制疾病的目的，特选配了典型症状、病理变化等彩色照片 152 余幅。

　　本书图片大部分来自笔者在科研和临床实践中积累的，有

些则由国内外有关学者提供，主要有陈怀涛、范国雄、谷子林等老师，在此谨致谢意。

本书的顺利出版得到国家兔产业技术体系（CARS-43）、山西省科技厅攻关（201703D221024-4）的资助和中国科学技术出版社乌日娜主任、国家兔产业技术体系秦应和首席专家及山西省农业科学院畜牧兽医研究所养兔研究室同仁的大力支持，在此一并表示感谢！

尽管笔者为本书的编写做了不小的努力，但因时间仓促和水平有限，其中肯定存在不少缺点和错误，恳请广大读者提出批评意见，以便再版时进行修订，使本书日臻完善。

任克良

2018 年于太原

目录

C o n t e n t s

一、兔病防控基本知识

　　"兔子好养病难防"是广大养兔者的共同体会。家兔体型小，抗病力差，一旦患病往往来不及治疗或治疗费用高。为此，生产中应严格遵循"预防为主，防重于治"的原则，根据家兔的生物学特性，依据家兔发病规律，采取兔病综合防控技术措施，保障兔群健康，提高养兔经济效益。

（一）兔病发生的基本规律

　　1. 兔病发生的原因　兔病是机体与外界致病因素相互作用而产生的损伤与抗损伤的复杂的斗争过程。在这个过程中，机体对环境的适应能力降低，家兔的生产能力下降。

　　兔病发生的原因一般可分为外界致病因素和内部致病因素两大类。

　　（1）外界致病因素　是指家兔周围环境中的各种致病因素。

①**生物性致病因素**　包括各种病原微生物（细菌、病毒、真菌、螺旋体等）和寄生虫（如原虫、蠕虫等），主要引起传染病、寄生虫病、某些中毒病及肿瘤等。

②**化学性致病因素**　主要有强酸、强碱、重金属盐类、农药、化学毒物、氨气、一氧化碳、硫化氢等化学物质，可引起中毒性疾病。

③**物理性致病因素**　指炎热、寒冷、电流、光照、噪声、气压、湿度和放射线等诸多因素，有些可直接致病，有些可促使其他疾病的发生。例如，炎热而潮湿的环境容易中暑，高温可引起灼伤，强烈的阳光长时间照射可导致日射病，寒冷低温除可造成冻伤外，还能削弱家兔机体的抵抗力而促使感冒和肺炎的发生等。

④**机械性致病因素**　是指机械力的作用。大多数情况下这种病因来自外界，如各种击打、碰撞、扭曲、刺戳等可引起挫伤、扭伤、创伤、关节脱位、骨折等。个别的机械力是来自体内，如体内的肿瘤、寄生虫、肾结石、毛球和其他异物等，可因其对局部组织器官造成的刺激、压迫和阻塞等而造成损害。

⑤**其他因素**　除上述各种致病因素外，机体正常生理活动所需的各种营养物质和功能代谢调节物质，如蛋白质、碳水化合物、脂肪、矿物质、维生素、激素、氧气和水等，因供给不足或过量，或是体内产生不足或过多，也都能引起疾病。

此外，应激因素在疾病发生上的意义也日益受到重视。

（2）**内部致病因素**　兔病发生的内部因素主要是指兔体对外界致病因素的感受性和抵抗力。机体对致病因素的易感性和防御能力与机体的免疫状态、遗传特性、内分泌状态、年龄、性别和兔的品种等因素有关。

2. 兔病的分类　根据兔病发生的原因可将兔病分为传染病、寄生虫病、普通病和遗传病等4种。

（1）传染病　传染病是指由致病微生物（即病原微生物）侵入机体而引起的具有一定潜伏期和临床表现，并能够不断传播给其他个体的疾病。常见的传染病有病毒性传染病、细菌性传染病和真菌性传染病等3大类。

（2）寄生虫病　是由各种寄生虫侵入机体内部或侵害体表而引起的一类疾病，常见的有原虫病、蠕虫病和外寄生虫病等3种。

（3）普通病　普通病（非传染病）由一般性致病因素引起的一类疾病。引起兔普通病常见的病因有创伤、冷、热、化学毒物和营养缺乏等。临床上，常见的普通病有营养代谢病、中毒性疾病、内、外科及其他病等。

（4）遗传病　是指由于遗传物质变异而对动物个体造成有害影响，表现为身体结构缺陷或功能障碍，并且这种现象能按一定遗传方式传递给其后代的疾病，如短趾、八字腿、白内障、牛眼等。

3. 兔病发生的特点　与其他动物相比，家兔的疾病发生、发展和防治不同，有其如下特点。了解这些特点，有助于养兔生产者做好兔病防控工作。

（1）机体弱小，抗病力差　与其他动物相比，家兔体小、抗病力差，容易患病，治疗不及时死亡率高。同时，由于单个家兔经济价值较低，因此在生产中必须贯彻"预防为主，

"防重于治"的方针，同时及早发现，及时隔离治疗。

（2）消化道疾病发生率较高　家兔腹壁肌肉较薄，且腹壁紧着地面，若所在环境温度低，导致腹壁着凉，肠壁受冷刺激时，肠蠕动加快，特别容易引起消化功能紊乱，引起腹泻，继而导致大肠杆菌、魏氏梭菌等疾病，为此应保持家兔所在环境温度相对恒定。

（3）拥有类似与牛、羊等反刍动物瘤胃功能的盲肠，其微生物区系易受饲养管理的影响　家兔属小型草食动物，对饲料的消化主要靠盲肠微生物的发酵来完成。因此，保持盲肠内微生物区系相对恒定，是降低消化道疾病发生率的关键问题。为此，生产中要坚持"定时、定量、定质，更换饲料要逐步进行"的原则。同时，治疗疾病时慎用抗生素，如果使用不当，如长期口服大量抗生素，就会杀死或破坏兔盲肠中的微生物区系，导致消化功能紊乱。这一特点要求我们在预防、治疗兔病中要注意慎重选择抗生素的种类，使用一种新的抗生素要先做小试，同时给药方式以采取注射方式为宜，也要注意用药时间、剂量等。

（4）大兔耐寒怕热，小兔怕冷　高温季节要注意中暑的发生。小兔要保持适宜的舍温。

（5）一些疾病家兔多发，如创伤性脊椎骨折、脚皮炎等　在生产中要避免让兔受惊，选择脚毛丰满的个体作为种兔。

（6）家兔抗应激能力差　气候、环境、饲料配方、饲喂量等突然变化，往往极易导致家兔发生疾病，因此在生产的各个环节要尽量减少各种应激，以保障兔群健康。

（二）兔病综合防控技术措施

1. 加强饲养管理

（1）重视兔场、兔舍建设，创造良好的生活环境 兔场规划、建设在满足家兔生理特性外，还应注意卫生防疫（图1-1）。兔舍是家兔生存的基本环境，也是家兔生产的必要基础。兔舍的小环境因素（包括温度、湿度、光照、噪声、尘埃、有害气体、气流变化等），时刻都在影响着兔体，生活在良好小环境中的家兔生长发育良好，发病率低，生产效率高，否则生产性能下降，严重者会患病死亡。为此，修建兔舍时应根据家兔的生活习性和生理特性，结合所在地区的气候特点和环境条件，同时考虑拟饲养的家兔类型、品种、数量、饲养方式及投资力度等，选择、设计和建造有利于兔群健康，符合卫生条件，便于饲养管理，有利于控制疾病，能提高劳动生产

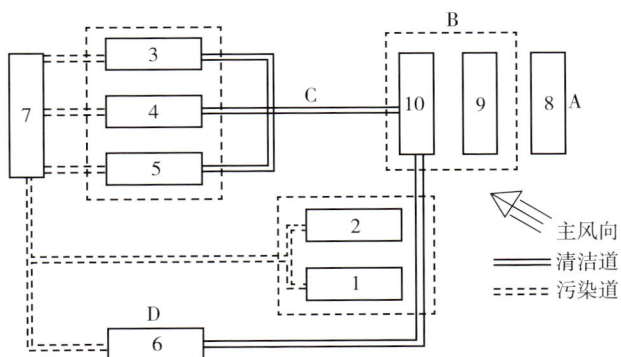

图1-1　兔场规划

A. 生活福利区　B. 辅助生产区　C. 繁殖育肥区　D. 兽医隔离区　1、2. 核心群车间　3、4、5. 繁殖育肥车间　6. 兽医隔离间　7. 粪便处理场　8. 生活福利区　9、10. 办公管理区

力，科学实用的兔舍（图1-2）。

图1-2　标准化兔舍

　　给家兔提供良好的生活环境，保持适宜的温度、湿度、光照和通风换气（图1-3、图1-4），夏防暑、冬防寒，春秋防气候突变，四季防潮湿，以获得较高的生产水平，保证兔群健康。

图1-3　兔舍通风、加温、降温设施

图1-4　湿帘降温设施

（2）合理配制饲料，饲喂要定时、定量、定质，更换饲料逐步进行　家兔属草食动物，应以青、粗饲料为主，精料为辅。目前，饲养家兔的饲料有颗粒饲料和混合粉料等，配方要求饲料种类多样化，营养成分全面而平衡，符合饲养标准，以保证兔群正常生长发育，防止发生营养缺乏症。

图 1-5　自动饲喂系统

目前，我国已研制出家兔定时定量自动饲喂系统。国外多用自动饲喂系统，要求按照自由采食方式设计饲料配方（图 1-5）。

（3）按照家兔不同的生理阶段实行科学的饲养管理

①仔兔　从出生至断奶的小兔为仔兔（图 1-6）。这一阶段要使仔兔早吃奶（初乳），吃足奶，防饿死，防黄尿病，防冻死，防兽害，防被母兔残食，防意外伤残。从第十八天开

图 1-6　仔　兔

始，应及时补给易消化、富有营养的饲料，同时应添加抗球虫药，适时断奶。断奶方式采取断奶不离窝为宜。

②**幼兔**　断奶至3月龄为幼兔。实践证明，幼兔最难饲养，应给富含蛋白质又易消化的饲料，饲喂少量多次，定时、定量、定质，预防球虫病，接种各种疫苗，是这一阶段的重要工作内容，同时保持兔舍清洁卫生。

③**青年兔**　3～6月龄的兔为青年兔。此时公、母兔应分开饲养，防止早配。青年兔代谢旺盛、采食量大，饲粮中应适当加大粗饲料的比例，这样有利于兔的健康，又可以降低饲养成本。

④**妊娠母兔**　妊娠母兔饲粮营养以中等水平为宜，妊娠中后期要防止捕捉、拔毛，避免各种不良刺激，以防流产。有沙门氏杆菌流产史的兔场，在妊娠初期应接种沙门氏杆菌灭活苗进行预防。产前要对产箱进行清洗、消毒，放入刨花等垫草，预产期要有人值班，以防发生意外事故。

⑤**哺乳母兔**　母兔哺乳期一般为28～42天（图1-7）。

图1-7　哺乳母兔

哺乳期间除应保持兔舍、兔笼清洁卫生，环境安静，饲料多样化，营养丰富、适口性好外，还应根据哺乳仔兔数、产后天数等决定饲喂量。产后 2~3 天应减少精饲料喂量，经常检查母兔乳房，防止发生乳房炎。

⑥**种公兔**　种公兔要一笼一兔（图 1-8），以防相互咬斗。兔笼地板要光滑，经常清扫消毒，以防发生生殖器官疾病。公兔的日粮要注意添加维生素 A，维生素 D，维生素 E 和微量元素锌、铁、铜、锰、硒等，以提高配种受胎率。配种前检查公、母兔的生殖器是否有炎症和兔梅毒等疾病。公兔 1 天可交配 1~2 次，连续 2 天，休息 1 天。提倡采用兔群采取人工授精进行配种，以提高配种效率，控制疾病传播，提高兔群质量。

图 1-8　单笼饲养的种公兔

（4）**加强选种，制定科学繁育计划，降低遗传性疾病发病率**　遗传性疾病是病兔及其父母的遗传因素所决定的，并非由外界因素（如致病微生物、饲料、环境等）所致。选种时

严格淘汰如牛眼、牙齿畸形、八字腿、白内障、垂耳畸形、侏儒、震颤、脑积液、癫痫等个体。同时，制定科学繁育计划，避免近亲繁殖，提高后代生产性能和降低群体遗传性疾病的发病率。

（5）培育健康兔群　发达国家花费巨大人力和财力培育无特定病原（SPF）群，此做法目前我国广大农户很难做到，但要创造条件，培育健康兔群，组成核心群。经常注意定期检疫与驱虫，淘汰带菌、带毒、带虫兔，保持相对无病状态。同时，加强卫生防疫工作，严格控制各种传染性病原的侵入，保证兔群的安全与健康。培育健康兔群常用的方法有人工哺乳法和保姆寄养法，其所用的兔舍、兔笼、饲料、饮水、用具及铺垫物等，均需经过消毒处理，防止污染。饲养人员应专职固定，严格管理。

2. 坚持自繁自养，慎重引种　养兔场（户）应选用经培育的生产性能优良的公、母种兔进行自繁自养，这样既可以降低养兔成本，又能防止引种带入疫病。为了调换血缘，必须引进新的品系、品种时，只能从非疫区购入，经当地兽医部门检疫，并发给检疫合格证，再经本场兽医验证、检疫，在离生产区较远的地方，隔离饲养观察，确认健康者，经驱虫、消毒（没有接种疫苗的补注疫苗）后，方可进入生产区混群饲养。

涉及进、出境的动物检疫，按《中华人民共和国进出境动植物检疫法》执行，对家兔重点检疫兔瘟、黏液瘤病、魏氏梭菌病、巴氏杆菌病、密螺旋体病、野兔热、球虫病和螨病等。

3. 减少各种应激因素的影响　所谓应激因素，是指那些在一定条件下能使家兔产生一系列全身性、非特异性的反应。

常见的应激因素有密集饲养、气候骤变、突然更换饲料、更换场舍、刺号、称重、接种疫苗、炎热、长途运输、噪声惊吓、追赶、捕捉、咬架、创伤、饥饿、过度疲劳等，在应激因素作用下，家兔机体所产生的一系列反应叫作应激反应，此时动物处于应激状态，在该状态下，所表现的各种反应是家兔企图克服各种刺激的危害，这样不仅影响家兔生长发育，加重原有疾病的病情，还可诱发新的疾病，有时甚至导致动物死亡。养兔生产中，应尽量减少各应激因素的发生，或将应激强度、时间降到最低。如仔兔断奶采用原笼饲养法，断奶、刺号间隔进行，长途调运采用铁路运输为佳，兔舍饲养密度不宜过大，饲料配方变化逐渐进行，严禁生人或野兽进入兔群等。日粮中添加维生素 C，可降低家兔应激反应。

4. 建立卫生防疫制度并认真贯彻落实

（1）进入场区要消毒　在兔场大门口和生产区门口及不同兔舍间，设消毒池或紫外线消毒室，池内消毒液要经常保持有效浓度，进场人员和车辆等须经消毒后方可入内（图1-9至图1-11）。

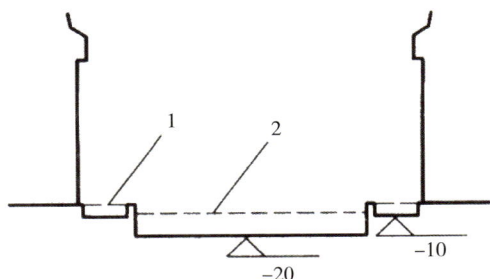

图1-9　兔场大门口车辆消毒池及人的脚踏消毒池断面（单位：厘米）
1. 脚踏消毒池　2. 车辆消毒池

图 1-10　消 毒 池

图 1-11　消 毒 通 道

　　兔场工作人员进入生产区，应换工作服、穿工作鞋、戴工作帽，并经过消毒间经消毒后进入，出来时脱换。在区内不能随便串岗串舍。非饲养人员未经许可不得进入兔舍。

（2）**场内谢绝参观，禁止其他闲杂人员和有害动物进入场内**　兔场原则上谢绝入区进舍参观，必须的参观或检查者按场内工作人员对待，严格遵守各种消毒规章制度。严禁兔毛、兔皮及肉兔商贩、场外车辆、用具进入场区，已调出的兔严禁返回兔舍，种兔场种兔不准对外配种，场区内不准饲养其他畜禽。兔场要做到人员、清粪车、饲喂等用具相对固定，不准乱拿乱用。

（3）**搞好兔场环境卫生，定期清洁消毒**　首先饲养人员要注意个人卫生，结核病人不能在养兔场工作。兔笼、兔舍及周围环境应天天打扫干净，经常保持清洁、干燥，使兔舍内温度、湿度、光照适宜，空气清新无臭味、不刺眼。食槽、水槽和其他器具也应保持清洁，定期对兔笼、地板、产箱、工作服等进行清洗、消毒。清扫的粪便及其他污物等，应集中堆放于远离兔舍的地方进行焚烧、喷洒化学消毒药、掩埋或做生物发酵消毒处理（图1-12、图1-13）。生物发酵经30天左右，方可作为肥料使用。

图1-12　粪便做生物发酵

图 1-13　粪尿处理池

（4）杀虫灭鼠防兽，消灭传染媒介　蚊、蝇、虻、蜱、跳蚤、老鼠等是许多病原微生物的宿主和携带者，能传播多种传染病和寄生虫病，要采取综合措施设法消灭。首先修建兔舍时，与外界相通的道口要加装铁丝网或窗纱，下水道要加隔网，防止蚊、蝇、老鼠出入，同时结合场（舍）日常清扫、消毒工作，彻底清除场（舍）内外杂物、垃圾及乱草堆等，填平死水坑。使鼠类无藏身繁殖场所，蚊蝇无法滋生。可选用敌敌畏、敌百虫、灭蚊净、灭害灵等杀虫剂喷洒杀虫。老鼠等鼠类不仅偷吃饲料，残食初生仔兔，还可以携带病原，传播疾病，兔场必须做好灭鼠工作。

狗、猫等动物易传播许多疾病，如豆状囊尾蚴、弓形虫病等，也易造成惊群。因此，养兔场应禁止饲养狗、猫等动物，必须饲养时必须加强管理，并对其进行定期检疫和驱虫。

5. 严格执行消毒制度 消毒是预防兔病的重要一环。其目的是消灭散布于外界环境中的病原微生物和寄生虫，以防止疾病的发生和流行。在消毒时要根据病原体的特性、被消毒物体的性能和经济价值等因素，合理地选择消毒药和消毒方法。

兔场要建立严格的消毒制度，兔舍、兔笼及用具每季度进行1次大清扫、大消毒，每周进行1次重点消毒。

（1）**兔舍消毒** 应先彻底清除剩余饲料、垫草、粪便及其他污物，用清水冲洗干净，待干燥后进行药物消毒。可选用2%热氢氧化钠溶液，20%～30%热草木灰水溶液，5%～20%漂白粉混悬液，10%～20%石灰乳、4%热碳酸钠溶液、0.5%～5%氯胺溶液或0.05%百毒杀等。当用腐蚀性较强的消毒药消毒后，必须用清水冲洗，待干燥后才能放入兔子。

（2）**场地消毒** 在清扫的基础上，除用上述消毒药外，还可选用5%来苏儿，1%～3%农福，3%～5%克辽林，2.5%～10%优氯净，2%～4%甲醛溶液，0.5%过氧乙酸等。

（3）**兔笼及用具** 应先将污物去除，用清水洗刷干净，干燥后再进行药物消毒。金属用具可用0.1%新洁尔灭、0.1%洗必泰、0.1%度米芬、0.1%消毒净或0.5%过氧乙酸等。木制品的消毒可用1%～3%热氢氧化钠水、5%～10%漂白粉水、0.1%新洁尔灭、0.5%过氧乙酸、0.1%消毒净、0.5%消毒灵、0.03%百毒杀或5%优氯净等。兔笼、产箱等耐火焰的用具用火焰消毒效果最好（图1-14）。

图 1-14 火焰消毒产箱

（4）仓库消毒 常用 5% 过氧乙酸溶液，40% 甲醛溶液熏蒸消毒。

（5）毛、皮消毒 常用环氧乙烷等消毒。

（6）医疗器械消毒 除煮沸或蒸汽消毒外，常用药物有 0.1% 洗必泰、0.1% 新洁尔灭、0.05% 消毒宁（加亚硝酸钠 0.5%）、0.1% 度米芬溶液。

（7）工作服、手套 可用肥皂水煮沸消毒或高压蒸汽消毒。

（8）粪便及污物 可采用烧毁、掩埋或生物热发酵等。

6. 制定科学合理的免疫程序并严格实施 免疫接种是预防和控制家兔传染病十分重要的措施。免疫接种就是用人工的方法，把疫苗或菌苗等注入家兔体内，从而激发兔体产生特异性抵抗力，使易感的家兔转化为有抵抗力的家兔，以避免传染病的发生和流行。

（1）家兔常用的疫苗　目前，家兔常用的疫苗种类、使用方法及注意事项见表1-1。

表1-1　常用疫苗种类和用法

疫（菌）苗名称	预防的疾病	使用方法及注意事项	免疫期
兔瘟灭活苗	兔瘟	30～35日龄初次免疫，皮下注射2毫升；60～65日龄二次免疫，剂量1毫升，以后每隔5.5～6个月免疫1次，5天左右产生免疫力	6个月
巴氏杆菌灭活苗	巴氏杆菌病	仔兔断奶免疫，皮下注射1毫升，7天后产生免疫力，每兔每年注射3次	4～6个月
波氏杆菌灭活苗	波氏杆菌病	母兔配种时注射，仔兔断奶前1周注射，以后每隔6个月皮下注射1毫升，7天后产生免疫力，每兔每年注射2次	6个月
魏氏梭菌（A型）氢氧化铝灭活苗	魏氏梭菌性肠炎	仔兔断奶后即皮下注射2毫升，7天后产生免疫力，每兔每年注射2次	6个月
伪结核灭活苗	伪结核耶新氏杆菌病	30日龄以上兔皮下注射1毫升，7天后产生免疫力，每兔每年注射2次	6个月

疫（菌）苗名称	预防的疾病	使用方法及注意事项	免疫期
大肠杆菌病多价灭活苗	大肠杆菌病	仔兔20日龄进行首免，皮下注射1毫升，待仔兔断奶后再免疫1次，皮下注射2毫升，7天后产生免疫力，每兔每年注射2次	6个月
沙门氏杆菌灭活苗	沙门氏杆菌病（腹泻和流产）	妊娠初期及30日龄以上的兔，皮下注射1毫升，7天后产生免疫力，每兔每年注射2次	6个月
克雷伯氏菌灭活苗	克雷伯氏菌病	仔兔20日龄进行首免，皮下注射1毫升，仔兔断奶后再免疫1次，皮下注射2毫米，每兔每年注射2次	6个月
葡萄球菌病灭活苗	葡萄球菌病	每兔皮下注射2毫升，7天后产生免疫力	6个月
呼吸道病二联苗	巴氏杆菌病，波氏杆菌病	妊娠初期及30日龄以上的兔，皮下注射2毫升，7天后产生免疫力，母兔每年注射2次	6个月
兔瘟-巴氏-魏氏三联苗	兔瘟、巴氏杆菌病、魏氏梭菌病	青年兔、成年兔每兔皮下注射2毫升，7天后产生免疫力，每兔每年注射2次。不宜做初次免疫	4~6个月

（2）**免疫接种类型**　家兔免疫接种类型有以下两种。

①**预防接种**　为了防患于未然，平时必须有计划地给健康

兔群进行免疫接种。

②**紧急接种**　在发生传染病时，为了迅速控制和扑灭疫病的流行，而对疫群、疫区和受威胁区域尚未发病的兔群进行应急性免疫接种。实践证明，在疫区内使用兔瘟、魏氏梭菌病、巴氏杆菌病、支气管败血波氏杆菌病等疫（菌）苗进行紧急接种，对控制和扑灭疫病具有重要作用。

紧急接种除使用疫（菌）苗外，也常用免疫血清。免疫血清虽然安全有效，但常因用量大、价格高、免疫期短，大群使用往往供不应求，目前在生产中很少使用。

（3）**推荐的兔群防疫程序**　为了保障兔群安全生产，促进养兔业健康发展和经济效益的提高，养兔场（户）应根据兔病最新流行特点和本场兔群实际情况，制定科学、合理的兔群防疫程序并严格执行。根据笔者研究结果和生产实践，以下程序可供参考。

①17～90日龄仔、幼兔每千克饲料中加150毫克氯苯胍、1毫克地克珠利或兔宝1号（山西省农业科学院畜牧所研究成果），可有效预防兔球虫病的发生。治疗剂量加倍。目前添加药物是预防家兔球虫病最有效、成本最低的一种措施。

②产前3天和产后5天的母兔，每天每只喂穿心莲1～2粒，复方新诺明片1片，可预防母兔乳房炎和仔兔黄尿病的发生。对于乳房炎、仔兔黄尿病、脓肿发生率较高的兔群，除改变饲料配方、控制产前、产后饲喂量外，繁殖母兔每年应注射2次葡萄球菌病灭活疫苗，剂量按说明。

③20～25日龄仔兔注射大肠杆菌病疫苗，以防因断奶等应激造成大肠杆菌病的发生。有条件的大型养兔场可用本场分

离到的菌株制成的疫苗进行注射，预防效果确切。

④ 30 ~ 35 日龄仔兔首次注射兔瘟单联或瘟－巴二联苗疫苗，每只颈部皮下注射 2 毫升。60 ~ 65 日龄时再皮下注射 1 毫升兔瘟单联苗或二联苗以加强免疫。种兔群每年注射 2 次兔瘟疫苗。

⑤ 40 日龄左右注射魏氏梭菌疫苗，皮下注射 2 毫升，免疫期为 6 个月。种兔群应注射魏氏梭菌菌苗，每年 2 次。

⑥根据兔群情况，还应注射大肠杆菌病、波氏杆菌病疫苗等。

⑦每年春、秋两季对兔群进行 2 次驱虫，可用伊维菌素皮下或口服用药，不仅对兔体内寄生虫如线虫有杀灭作用，也可以治疗兔体外寄生虫如螨病、蚤、虱等。

⑧毛癣菌病的预防。引种必须从健康兔群中选购，引种后必须隔离观察至第一胎仔兔断奶时，如果仔兔无本病发生，才可以混入原兔群。严禁商贩进入兔舍。一旦发现兔群中有眼圈、嘴圈、耳根或身体任何部位有脱毛，脱毛部位有白色或灰白色痂皮，及时隔离，最好淘汰，并对其所在笼位及周围环境用 2% 火碱或火焰进行彻底消毒。

⑨中毒病的预防。目前危害养兔生产的主要问题是饲料霉变中毒问题，因此对使用的草粉、玉米等原料应进行全面、细致的检查，一旦发现有结块、发黑、发绿、有霉味、含土量大等，应坚决弃之不用。饲料中添加防霉制剂对预防本病有一定的效果。饲料中使用菜籽饼、棉籽饼等时，要经过脱毒处理，同时添加量应不超过 5%，仅可饲喂商品兔。

（4）防疫过程中应注意的事项

①购买疫苗时，须使用国家正式批准生产厂家的疫苗，同时应认真检查疫苗的生产日期、有效期及用法用量说明。另外，还要检查苗瓶有无破损、瓶塞有无脱落与渗漏，禁止使用无批号或有破损的疫苗。

②注射用针筒、针头要经煮沸消毒 15～30 分钟、冷却后方可使用。疫区应做到一兔一针头。

③疫苗使用前、注射过程中应不停地振荡，使注射进去的疫苗均匀。

④严格按规定剂量注射，不能随意增加或减少剂量。为了防止疫苗吸收不良，引起硬结、化脓，对于注射 2 毫升的疫苗，针头进入皮下后，做扇形运动，一边运动，一边注射疫苗或在两个部位各注射一半。

⑤当天开瓶的疫苗当天用完，剩余部分要坚决废弃。

⑥临产母兔尽量避免注射疫苗，以防因抓兔而引起流产。

⑦防疫注射必须在兽医人员的指导、监督下进行，由掌握注射要领的人员实施，一定要认真仔细安排，由前到后，由上到下逐笼抓兔注射，防止漏注。对未注射的家兔应及时补注。

⑧同一季节需注射多种疫苗时，未经联合试验的疫苗宜单独注射，且前后两次疫苗注射间隔时间应在 7 天左右。

⑨兽医人员要填写疫苗免疫登记表，以便安排下一次防疫注射日期。

⑩疫苗空瓶要集中做无害化处理，不能随意丢弃。

⑪使用的药物和添加剂要充分搅拌均匀。使用一种新的饲料添加剂或药物，先做小批试验，确定安全后方可大群使用。

7. 有计划地进行药物预防及驱虫　对兔群应用药物预防疾病，是重要的防疫措施之一，尤其在某些疫病流行季节之前或流行初期，应用安全、低廉、有效的药物加入饲料、饮水或添加剂中进行群体预防和治疗，可以收到显著的效果。

8. 加强饲料质量检查，注意饲喂饮水卫生，预防中毒病　俗话说"病从口入"，饲料、饮水卫生的好坏与家兔的健康密切相关，应严格按照饲养管理的原则和标准实施，饲料从采购、采集、加工调制到饲料保存、利用等各个环节，要加强质量和卫生检查与控制。严禁饲喂发霉、腐败、变质、冰冻饲料，保证饮水清洁而不被污染。预防中毒病的发生是养兔生产者，尤其是规模养兔场不可忽视的一个重要内容。常见的中毒病有以下几种。

（1）**药物中毒**　主要是驱虫药物中毒和其他磺胺类、抗生素、抗球虫药物中毒。常见的有土霉素、马杜拉霉素、氯苯胍等中毒。

预防措施：①严格按药物说明书使用，剂量要准确，不能随意加大用药量和用药时间。②加入饲料中的药物要充分搅拌均匀。③预防和治疗疾病，尽量避免用治疗量与中毒量相近的药物，如抗球虫病用的马杜拉霉素等。

（2）**饲料中毒**　常见的有棉籽饼、菜籽饼、马铃薯、食盐等中毒。

防止措施：①控制用量。家兔日粮中棉籽饼、菜籽饼以不超过5%为宜，食盐用量以0.3%～0.5%为宜，不用发芽、发绿、腐烂的马铃薯等；②脱毒。用经脱毒处理的棉籽饼、菜籽饼喂兔，既可防止中毒，又可适当提高日粮中所占比例，降低饲料成本。

（3）**霉变饲料中毒**　霉饲料中毒在养兔生产中经常发生。

防止措施：①收集、选购时要严格进行质量检查；②贮放饲料间要干燥、通风，温度不宜过高，控制饲料中水分含量，以防饲料发生霉败；③添加防霉剂，可有效防止饲料发霉，常用的有丙酸、丙酸钠、延胡索酸、克霉、霉敌、万保香等；④饲喂前要仔细检查饲料质量，如发现饲料出现霉变，就应坚决废弃，严禁饲喂；⑤炎热季节，每次给兔加料量不宜太多，以防食槽底积料发霉。

（4）**有毒植物中毒**　常见的有毒植物有：灰菜、毒芹、乌头、曼陀罗花、毒人参、野姜、高粱苗等。

防止措施：①了解本地区的毒草种类；②饲喂人员要提高识别毒草的能力；③凡不认识或怀疑有毒的植物，一律禁喂。

（5）**农药中毒**　常用的农药，如有机磷化合物（敌百虫、敌敌畏、乐果等），主要用于农作物杀虫药和治疗动物的外寄生虫病。如果家兔采食了刚喷洒过农药的植物，或饲料源被农药污染，或治疗兔螨病等体外寄生虫时，用药不当，均可引起家兔中毒。

防止措施：①妥善保管好农药，防止饲料源被农药污染；②严格控制青饲料的来源，采集青饲料的工作人员要有高度责任感，不采喷洒过农药的饲料作物或青草喂兔，对可疑饲料坚决不喂；③用上述药品治疗兔体外寄生虫病时，要严格遵守使用规则，防止中毒。

（6）**灭鼠药中毒**　灭鼠药毒性大，家兔误食后可引起急性死亡。

注意事项：①在兔舍放置灭鼠药时，要特别小心，勿使家兔接触或误食；②饲料加工间内严禁放置灭鼠药，以防混入饲料；③及时清除未被鼠类采食的灭鼠药，以防污染饲料、饮水等。

9. 细心观察兔群，及时发现疾病，及时诊治或扑灭 兔子体格弱小，抗病力差，一旦发病，如不能及时发现和治疗，病情往往在很短时间内恶化，引起死亡或传染给同群其他个体，造成很大的经济损失。因此，养兔生产中，饲养管理人员要和兽医人员密切配合，结合日常饲养管理工作，注意细心观察兔的行为变化，并进行必要的检查，发现异常，及时诊断和治疗，以减少不必要的损失或将损失降低至最小限度。

二、兔病毒性出血症
（兔瘟，RHD）

　　兔病毒性出血症俗称兔瘟，兔出血症，是由兔病毒性出血症病毒引起家兔的一种急性、高度致死性传染病，对养兔生产危害极大。本病的特征为生前体温升高，死后呈明显的全身性出血和实质器官变性、坏死。

【病　原】

　　兔出血性病毒（RHDV），是一种新发现的病毒，具有独特的形态结构。该病毒具有凝集红细胞的能力，特别是人的 O 型红细胞。2010 年，一种新的兔出血症病毒变体，被命名为 RHDV$_2$，在意大利首次被鉴别出来，研究显示 RHDV$_2$ 与传统的 RHDV 在其抗原形态和遗传特性方面存在差异。

【流行特点】

　　本病自然感染只发生于兔，其他畜禽不会染病。各类型兔中以毛用兔最为敏感，獭兔、肉兔次之。同龄公、母兔的易感

性无明显差异。但不同年龄家兔的易感性差异很大。青年兔和成年兔的发病率较高，但近年来，断奶幼兔发病病例也呈增高的趋势。仔兔一般不发病。一年四季均可发生，但春、秋两季更易流行。病兔、死兔和隐性传染兔为主要传染源，呼吸道、消化道、伤口和黏膜为主要传染途径。此外，新疫区比老疫区病兔死亡率高。

【发病机制】

首先，兔病毒性出血症的经过属于病毒性败血症。病毒侵入兔体后，以肝、脾、肺、肾和血管内皮细胞作为靶细胞，在其核内繁殖；随着病毒的大量增殖，靶细胞受损、崩解，以致大量的病毒释放，到达全身血流，随血液循环进入到全身各器官组织，造成病毒性败血症。其次，由于兔病毒性出血症病毒对血管内皮的损伤，启动了兔体的凝血机制，加上病毒入血后，直接激活凝血因子引起内源性凝血系统的凝血过程，造成全身弥漫性血管内凝血（DIC），以致兔体发生病毒性休克。再者，由于DIC的发生，加上病毒直接对各组织细胞的破坏作用，引起重要生命器官的结构病变和功能衰竭，最终导致兔死亡。

【典型症状与病变】

最急性病例突然抽搐尖叫几声后猝死，有的嘴内吃着草而突然死亡。急性病例体温升到41℃以上，精神萎靡，不喜动，食欲减退或废绝，饮水增多，病程12～48小时，死前表现呼吸急促，兴奋，挣扎，狂奔，啃咬兔笼，全身颤抖，体温突然下降。有的尖叫几声后死亡。有的鼻孔流出泡沫状血液（图2-1），有的口腔或耳内流出红色泡沫样液体，肛门松弛，周围被少量淡黄色或淡黄色胶样物沾污。慢性的少数可耐过、康复。

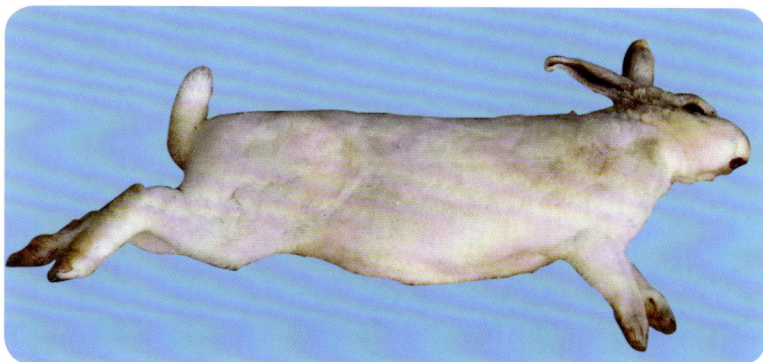

图 2-1　尸体不显消瘦、四肢僵直，鼻孔流出鲜红色血液

剖检见气管内充满血液样泡沫，黏膜出血，呈明显的气管环（图 2-2）。肺充血、有点状出血（图 2-3）。

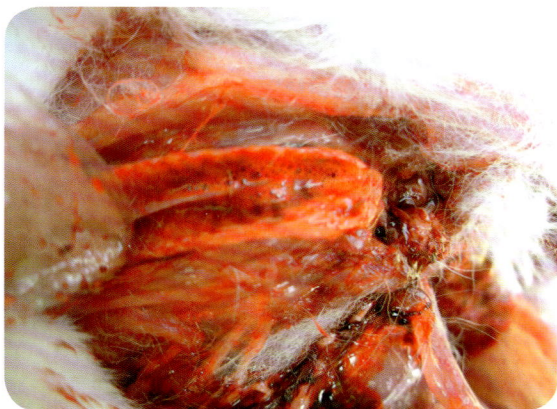

图 2-2　气管内充满血液样泡沫

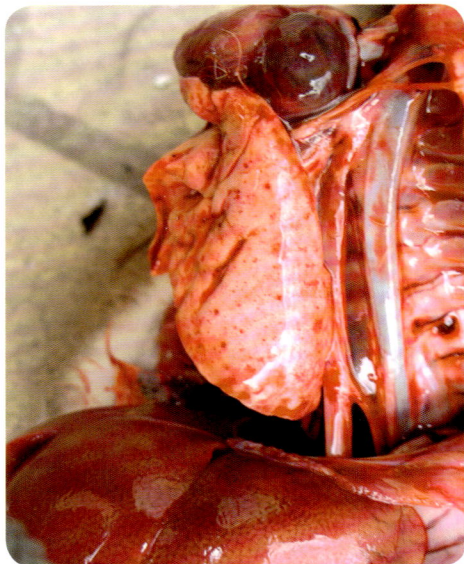

图 2-3　肺上有鲜红的出血斑点

胸腺、心外膜、胃浆膜、肾、淋巴结、肠浆膜等组织器官均明显出血，实质器官变性（图 2-4）。脾淤血肿大（图 2-5）。

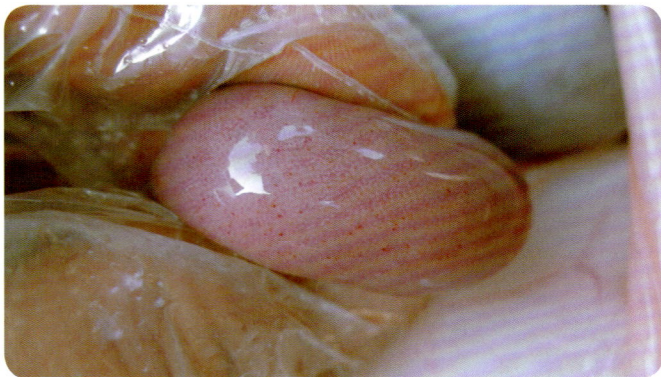

图 2-4　肾点状出血

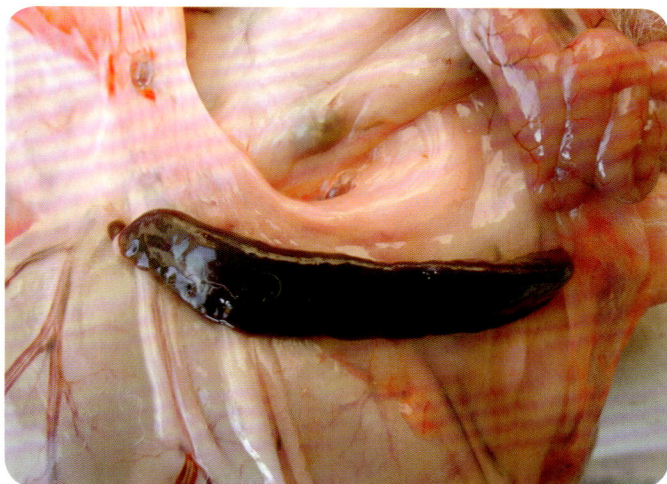

图 2-5　脾淤血肿大，呈黑紫色

肝肿大出血、胆囊充盈，膀胱积尿，充满黄褐色尿液，脑膜血管充血怒张并有出血斑点。组织检查，肺、肾等器官发现微血管形成，肝、肾等实质器官细胞明显坏死。

【诊断要点】

①青年兔与成年兔的发病率、死亡率高。月龄越小发病越少，仔兔一般不感染。一年四季均可发生，多流行于春、秋季；②主要呈全身败血性变化，以多发性出血最为明显；③确诊需做病毒检查鉴定、血凝试验和血凝抑制试验。

【防治措施】

1. 预防　①定期注射兔瘟疫苗。30～35日龄用兔瘟单联苗或瘟-巴二联苗，每只皮下注射2毫升。60～65日龄时加强免疫1次，皮下注射1毫升。以后每隔5.5～6个月注射1次。②禁止从疫区购兔。③严禁收购肉兔、兔毛、兔皮等商贩进入

兔群。④病死兔要深埋或焚烧，不得乱扔。使用的一切用具、排泄物均需用 1% 氢氧化钠溶液消毒。

2. 治疗　本病无特效治疗药物。①使用抗兔瘟高免血清。一般在发病后尚未出现高热症状时使用。方法：用4毫升血清，一次皮下注射即可。在注射血清后 7～10 日，仍需再注射兔瘟疫苗。②紧急注射兔瘟疫苗。若无高免血清，应对未表现临床症状兔进行兔瘟疫苗紧急接种，剂量 2～4 倍，一兔用一针头。但注射后短期内兔群死亡率可能有升高的情况。

【诊治注意事项】

注意与急性巴氏杆菌病鉴别。目前，兔瘟流行趋于低龄化，病理变化趋于非典型化，多数病例仅见肺、胸腺、肾等脏器有出血斑点，其他脏器病变不明显。

三、魏氏梭菌病

兔魏氏梭菌病又称兔梭菌性肠炎，主要是由 A 型魏氏梭菌及其所产生的外毒素引起的一种死亡率极高的致死性肠毒血症。以泻出大量水样粪便，导致迅速死亡为特征。是目前危害养兔业的重要疾病之一。

【病　原】

主要为 A 型魏氏梭菌，少数为 E 型魏氏梭菌。本菌属条件性致病菌，革兰氏染色阳性，厌氧条件下生长繁殖良好。可产生多种毒素。

【流行特点】

不同年龄、品种、性别的家兔对本病均易感染。一年四季均可发生，但以冬春两季发病率最高。各种应激因素均可诱发本病发生，如长途运输、青粗料短缺、饲料配方突然更换（尤其是从低能量、低蛋白向高能量、高蛋白饲粮转变）、长期饲喂抗生素、气候骤变等。消化道是主要传播途径。

【发病机制】

魏氏梭菌能产生多种外毒素和多种有毒的酶类，如溶血毒素、纤维蛋白酶、透明质酸酶和胶原酶等，具有溶血、坏死和致死作用。在 12 种毒性产物中，A 毒素能破坏细胞壁，使组织死亡，增强血管的通透性，引起水肿等。当兔食入大量魏氏梭菌繁殖体后，其在小肠内形成芽孢，产生肠毒素，从而引起水样腹泻。

【典型症状与病变】

急性腹泻。粪便有特殊腥臭味，呈黑褐色或黄绿色，污染肛门等部（图 3-1）。轻摇兔体可听到"咣、咣"的拍水声。有水泻的病兔多于当天或次日死亡。流行期间也可见无腹泻症状即迅速死亡的病例。胃多胀满，黏膜脱落，有出血斑点和溃疡（图 3-2）。

图 3-1　腹部膨大、水样粪便污染肛门周围及尾部（成年兔）

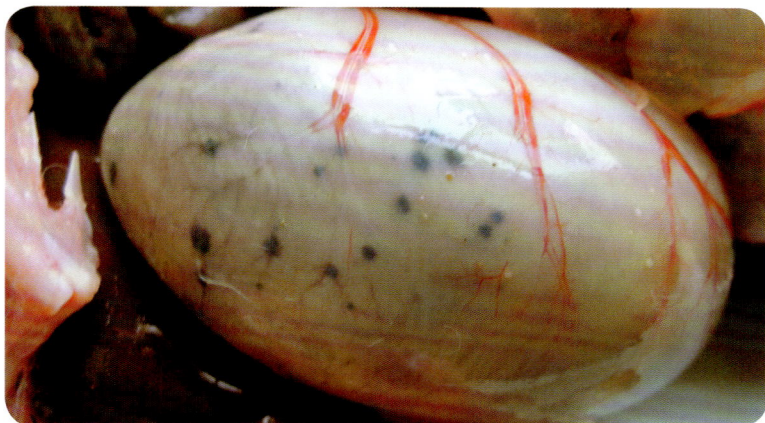

图 3-2　通过胃浆膜可见到胃黏膜有大小不等的黑色溃疡斑点

　　小肠壁充血、出血，肠腔充满含气体的稀薄内容物（图 3-3）。盲肠黏膜有条纹状出血，内容物呈黑色或黑褐色水样（图 3-4）。

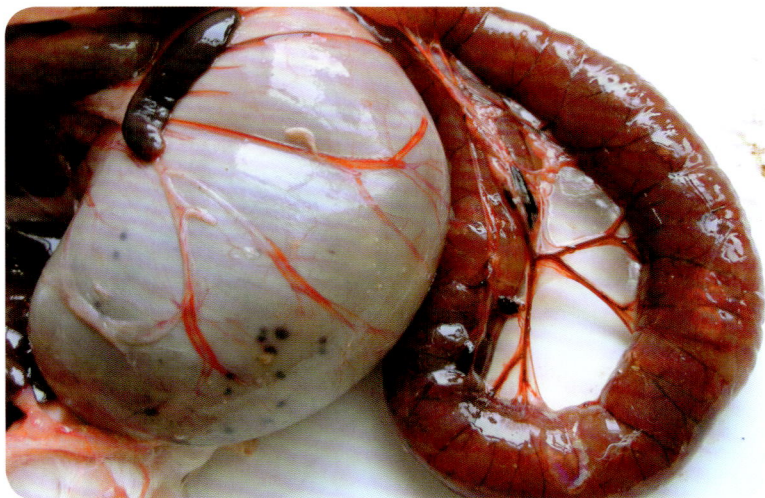

图 3-3　小肠壁淤血、出血，肠腔充满气体和稀薄内容物

图3-4　盲肠浆膜出血，呈横向红色条带形

心脏表面血管怒张，呈树枝状充血（图3-5）。有的膀胱积有茶色或蓝色尿液（图3-6）。

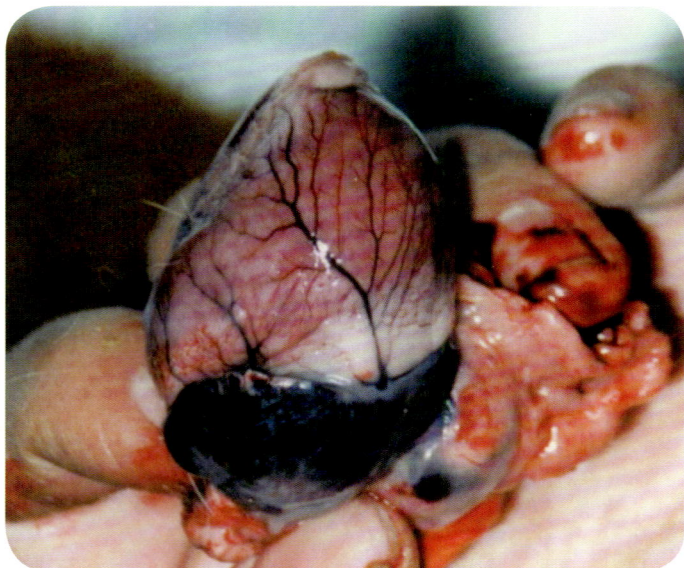

图3-5　心脏表面血管怒张，呈树枝状充血

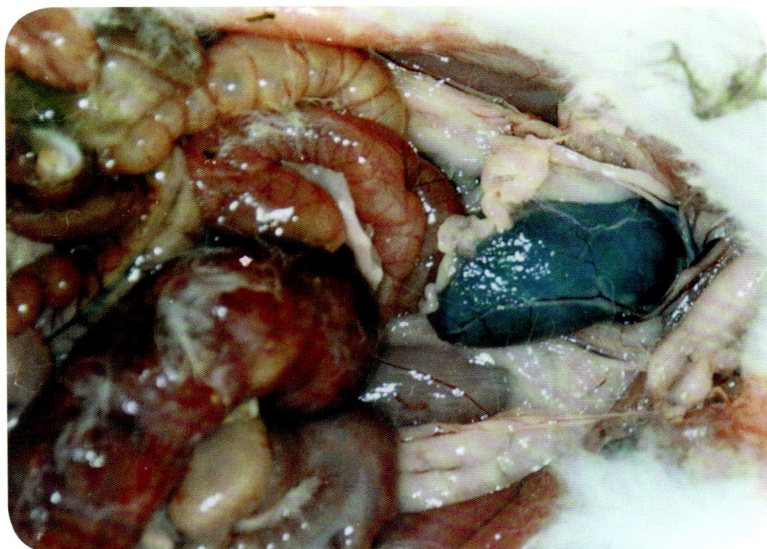

图 3-6　膀胱积尿，尿液呈蓝色

【诊断要点】

①发病不分年龄，以 1～3 月龄幼兔多发，饲料配方、气候突变，长期饲喂抗生素等多种应激均可诱发本病；②急性腹泻后迅速死亡，粪便稀、恶臭、常带血液；通常体温不高；③胃与盲肠有出血、溃疡等特征性病变；④抗生素治疗无效；⑤病原菌及其毒素检测。

【防治措施】

1. 预防　①加强饲养管理。饲粮中应有足够的木质素，变化饲料逐步进行，减少各种应激（如转群、更换饲养人员等）的发生。②规范用药。预防兔病注意抗生素种类、剂量和时间。禁止使用如林可霉素、克林霉素、阿莫西林等抗生素。③预防接种。兔群定期皮下注射 A 型魏氏梭菌灭活苗，每年 2

次，每次 2 毫升。

2. 治疗 该病治疗效果差。发生本病后，及时隔离病兔，对病兔兔笼及周围环境进行彻底消毒。在饲料中增加粗饲料比例的同时，还应采取以下措施。①注射 A 型魏氏梭菌高免血清。每千克体重 2～3 毫升，皮下、肌内或静脉注射。②紧急注射魏氏梭菌病疫苗。对无临床症状的兔紧急注射魏氏梭菌病疫苗，剂量加倍。③二甲基三哒唑。每千克饲料500毫克混饲，效果可靠。同时，配合对症治疗，如腹腔注射 5% 糖盐水进行补液，口服食母生（每只5～8克）和胃蛋白酶（每只1～2克），疗效更好。

【诊治注意事项】

诊断本病时应抓住腹泻症状和出血性胃肠炎的病变。急性发生时胃肠道病理变化不明显，要仔细观察。由于腹泻，故注意与泰泽氏病、大肠杆菌病、沙门氏菌病、球虫病、饲料霉变中毒等疾病做鉴别。治疗对初期效果较好，晚期无效。

四、大肠杆菌病

兔大肠杆菌病是由一定血清型的致病性大肠杆菌及其毒素引起的一种暴发性、死亡率很高的仔、幼兔肠道传染病。本病的特征为水样或胶冻样粪便及脱水。是断奶前后家兔致死的主要疾病之一。

【病　原】

埃希氏大肠杆菌，为革兰氏阴性菌，呈椭圆形。引起仔兔大肠杆菌病的主要血清型有 O_{128}、O_{85}、O_{88}、O_{119}、O_{18} 和 O_{26} 等。

【流行特点】

本病一年四季均可发生，主要侵害初生和断奶前后的仔、幼兔，成兔发病率低。大肠杆菌为肠道正常寄生菌，正常情况下不发病，当饲养管理不良（如饲料配方突然变换、饲喂量突然增加、采食大量冷冻饲料和多汁饲料、断奶方式不当等），气候突变等应激因素时，肠道正常菌群活动受到破坏，肠道内致病性大肠杆菌数量急剧增加，其产生的毒素大量积累，引起腹泻。兔群一旦发生本病，常因场地、兔笼的污染而引起大

流行，造成仔、幼兔大量死亡。第一胎仔兔发病率和死亡率较高，其他细菌（如魏氏梭菌、沙门氏杆菌）、轮状病毒、球虫病等也可诱发本病的发生。

【发病机制】

引起家兔腹泻的大肠杆菌，主要为非产肠毒素的致病性大肠埃希氏菌（EPEC）。肠致病性大肠埃希氏菌不产生肠毒素，其致病性主要依靠其紧密地黏附于肠上皮细胞，导致微绒毛的损伤和柱状上皮细胞损害，造成细胞膜通透性增强，引起肠道炎症和腹泻。

【典型症状与病变】

以腹泻、流涎为主。最急性的未见任何症状突然死亡，急性的1~2天内死亡，亚急性的7~8天死亡。体温正常或稍低，呆在笼中一角，四肢发冷，发出磨牙声（可能是疼痛所致），精神沉郁，被毛粗乱，腹部膨胀（因肠道充满气体和液体）。病初有黄色明胶样黏液和附着有该黏液的干粪排出（图4-1）。有时带黏液粪球与正常粪球交替排出，随后出现黄色水样稀粪或白色泡沫（图4-2）。

图4-1　患兔排出大量淡黄色明胶样黏液和干粪球

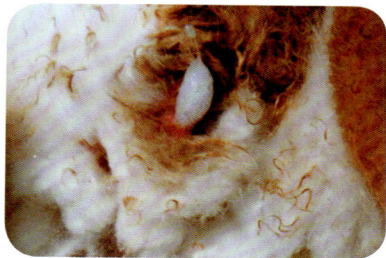

图4-2　流行期，用手挤压肛门仅排出白色泡沫状粪便

主要病理变化为胃肠炎，小肠内含有较多气体和淡黄色的黏液，大肠内有黏液样分泌物，也可见其他病变（图4-3至图4-6）。

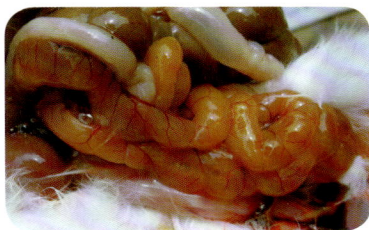

图4-3　小肠内充满气体和淡黄色黏液

图4-4　肠腔内黏液呈淡黄色

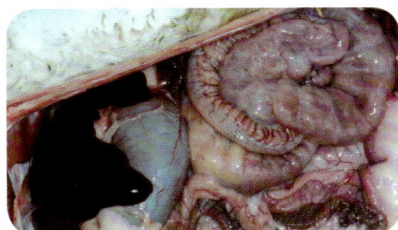

图4-5　盲肠黏膜水肿、充血（成年兔）

图4-6　胃臌气，膨大，小肠内充满半透明黄绿色胶样物（哺乳仔兔）

【诊断要点】

①有饲料配方改变、变化笼位、气候突变、饲养人员变更等应激史；②断奶前后仔、幼兔多发，同笼仔、幼兔相继发生；③从肛门排出黏胶状物；④有明显的黏液性肠炎病变。⑤病原菌及其毒素检测。

【防治措施】

1. 预　防

（1）减少各种应激　仔兔断奶前后不能突然改变饲料，提

39

倡原笼原窝饲养，饲喂要遵循"定时、定量、定质"原则，春、秋季要注意保持兔舍温度的相对恒定。

（2）注射疫苗 20~25日龄仔兔皮下注射大肠杆菌灭活苗。用本场分离的大肠杆菌制成的菌苗预防注射，效果确切。

2. 治 疗

①最好先对病兔分离到的大肠杆菌做药敏试验，选择较敏感的药物进行治疗，如诺氟沙星、环丙沙星、恩诺沙星等。

②庆大霉素。每兔1万~2万单位肌内注射，每天2次，连用3~5天；也可在饮水中添加庆大霉素。

③促菌生菌液。每只2毫升（约10亿活菌）口服，每天1次，连用3次。

④对症治疗。可在皮下或腹腔注射5%糖盐水或口服生理盐水等，以防脱水。

〔诊治注意事项〕

注意与有腹泻症状的泰泽氏病、球虫病、沙门氏杆菌病、魏氏梭菌病等做鉴别。但本病腹泻的特征是黏胶样肠内容物，这是鉴别要点之一。本病早期治疗效果较好，晚期治疗效果差。按时注射大肠杆菌菌苗对预防兔群发病具有一定的意义。

五、巴氏杆菌病

巴氏杆菌病是家兔的一种重要常见传染病，病原为多杀性巴氏杆菌，临床病型多种多样。

【病　原】

多杀性巴氏杆菌为革兰氏阴性菌，两端钝圆、细小，呈卵圆形的短杆状。菌体两端着色深，但培养物涂片染色，两极着色则不够明显。

【流行特点】

多发生于春、秋两季，常呈散发或地方性流行。多数家兔鼻腔黏膜带有巴氏杆菌，但不表现临床症状。当各种因素（如长途运输、过分拥挤、饲养管理不良、空气质量不良、气候突变、疾病等）应激作用下，机体抵抗力下降，存在于上呼吸道黏膜及扁桃体内的巴氏杆菌则大量繁殖，侵入下部呼吸道，引起肺病变，或由于毒力增强而引起本病的发生。呼吸道、消化道或皮肤、黏膜伤口为主要传染途径。

【发病机制】

在自然条件下，多杀性巴氏杆菌常寄居在健兔上呼吸道黏膜上，一旦兔体抗病力下降时，本菌可沿呼吸道而侵入肺脏，开始生长、繁殖并产生毒素，损害支气管和肺泡壁，结果引起肺脏充血、水肿。随病情进一步发展，还可引起肺脏肝样变和局部坏死等病变。

部分侵入淋巴结的本菌，可进一步侵入血液循环，随着血流广泛地散播到全身各脏器，引起受害器官功能障碍，表现多种症状和病变。

在外源性传染的情况下，多杀性巴氏杆菌在侵入部位繁殖后，产生毒素，并迅速克服淋巴系统的屏障作用而进入血流，在血液和全身实质器官，以及黏膜、浆膜和皮下组织中大量繁殖。由于多杀性巴氏杆菌毒素的作用，破坏了血管壁的通透性，引起毛细血管的出血胶样浸润，并通过反射活动，引起高热和全身功能失调等一系列严重症状。

在多数情况下，多杀性巴氏杆菌从消化道或呼吸道侵入后，先在扁桃体或咽喉部生长、繁殖，并迅速侵入附近组织，而引起颈部皮下组织的急性、出血性、浆液性炎，导致颈部红肿和呼吸极度困难等典型症状。

另外，多杀性巴氏杆菌所致的严重全身症状，也与中枢神经系统受损有关。

【典型症状与病变】

1. 败血型　急性时精神萎靡，停食，呼吸急促，体温达41℃以上，鼻孔流出浆液、脓性鼻涕。死前体温下降，四肢抽搐。病程短的24小时内死亡，长的1~3天死亡。流行之初有的不显症状而突然死亡。剖检为全身性出血、充血和坏死（图5-1）。该型可单独发生或继发于其他任何一型巴氏杆菌病，但最多见于鼻炎型和肺炎型之后，此时可同时见到其他型的症状和病变。

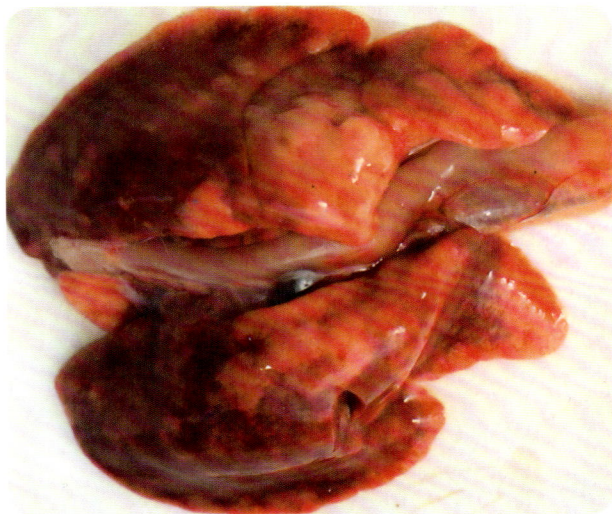

图5-1 肺充血、水肿，有许多大小不等的出血斑点

2. 肺炎型 以急性纤维素性化脓性肺炎和胸膜炎为特征。病初食欲不振，精神沉郁，主要症状为呼吸困难（图5-2），常以败血症告终。剖检见纤维素性、化脓性、坏死性肺炎及纤维素性胸膜炎和心包炎变化。

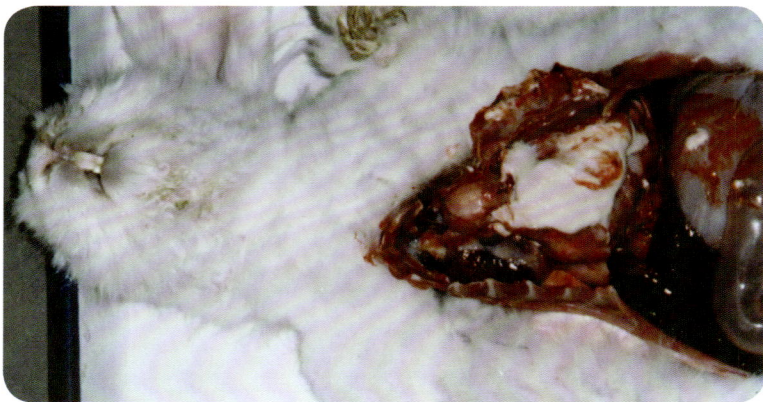

图 5-2　病兔剖检可见肺有脓肿，脓肿内为大量白色脓汁

　　3. 鼻炎型　以浆液性、黏脓性鼻液为特征的鼻炎和副鼻窦炎，从鼻腔流出大量鼻液（图 5-3）。

图 5-3　病兔鼻腔有黏性分泌物，呼吸困难

　　4. 中耳炎型　单纯中耳炎多无明显症状，如炎症蔓延至内耳或脑膜、脑实质，则可表现斜颈，头向一侧偏斜（图

5-4），甚至出现运动失调和其他神经症状。剖检时在一侧或两侧鼓室内有白色或淡黄色渗出物。鼓膜破裂时，从外耳道流出炎性渗出物。也可见化脓性内耳炎和脑膜脑炎。

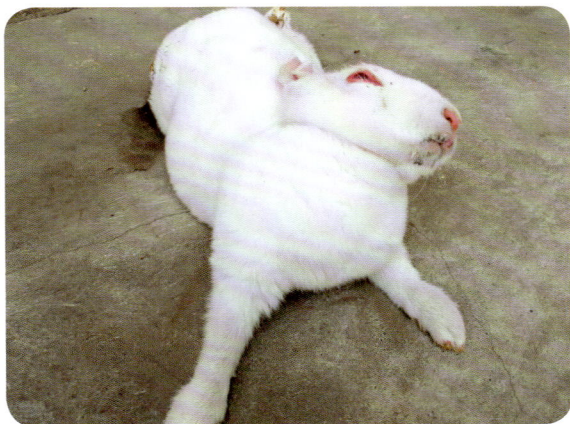

图 5-4　中耳炎型病兔致脑部病变时，头颈明显偏向一侧，运动失调

5. 结膜炎型　眼睑中度肿胀，结膜发红，有浆液性、黏液性或黏液脓性分泌物（图 5-5）。

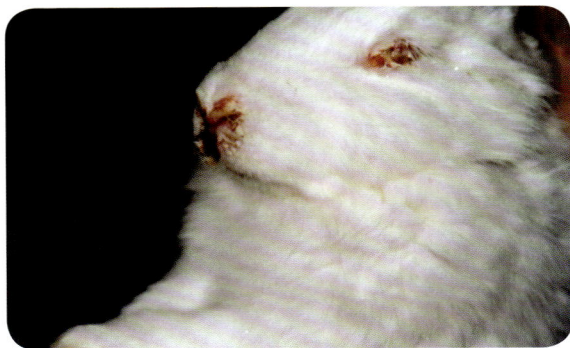

图 5-5　结膜发炎，有黄白色脓性分泌物

6. 生殖系统感染型　母兔感染时可无明显症状，或表现为不孕并有黏液性脓性分泌物从阴道流出。子宫内扩张，黏膜充血，内有脓性渗出物。公兔感染初期附睾出现病变，随后一侧或两侧的睾丸肿大，质地坚实，有的发生脓肿，有的阴茎有脓肿（图5-6）。

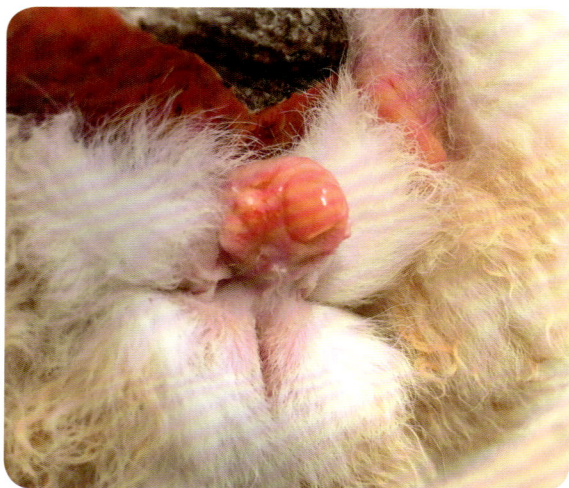

图5-6　阴茎上脓肿

7. 脓肿型　全身各部皮下、内脏均可发生脓肿。皮下脓肿可触摸到。脓肿内含有白色、黄褐色奶油状脓汁。

【诊断要点】

春、秋季多发，呈散发或地方性流行。除精神委顿、不食与呼吸急促外，根据不同病型的症状、病理变化可做出初步诊断，但确诊需做细菌学检查。

【防治措施】

1. 预防　①建立无多杀性巴氏杆菌种兔群。②定期消毒

46

兔舍，降低饲养密度，加强通风。③对兔群经常进行临床检查，将流鼻液、鼻毛潮湿蓬乱、中耳炎、结膜炎的兔子及时检出，隔离饲养和治疗。④每年两次注射兔巴氏杆菌病灭活菌苗，每次皮下注射 1 毫升。

2. 治疗 ①青霉素、链霉素联合注射。每千克体重青霉素 2 万~ 4 万单位、链霉素 20 毫克，混合一次肌内注射，每天 2 次，连用 3 天。②磺胺二甲嘧啶。内服，首次量每千克体重 0.2 克，维持量为 0.1 克，每天 2 次，连用 3 ~ 5 天。③皮下注射抗巴氏杆菌病高免血清，每千克体重 6 毫升，8 ~ 10 小时再注射 1 次。

【诊治注意事项】

本病型较多，因此诊断时要特别仔细，并注意与兔病毒性出血症、葡萄球菌病、支气管败血波氏杆菌病、李氏杆菌病等鉴别。

六、支气管败血波氏杆菌病

支气管败血波氏杆菌病是由支气管败血波氏杆菌引起家兔的一种呼吸器官传染病，其特征为鼻炎和支气管肺炎，前者常呈地方性流行，后者则多是散发性。本病多见于气候多变的春、秋两季。

【病　原】

支气管败血波氏杆菌，为一种细小杆菌，革兰氏染色阴性，常呈两极浓染，是家兔上呼吸道的常在性寄生菌。

【流行特点】

本病多发于气候多变的春、秋两季，冬季兔舍通风不良时也易流行。传染途径主要是呼吸道。病兔打喷嚏和咳嗽时病菌污染环境，并通过空气直接传给相邻的健康兔，当兔子患感冒、寄生虫等疾病时，均易诱发本病。本病常与巴氏杆菌病、李氏杆菌病等并发。

【发病机制】

支气管败血波氏杆菌的菌毛、荚膜和坏死毒素共同构成本菌的毒力因子。其中，菌毛为黏附定居抗原；荚膜具有抗吞噬功能；坏死毒素具有致死性、致皮肤坏死，鼻甲骨萎缩，引起体重下降，网状内皮系统障碍，表现为淋巴样组织和脾脏萎缩，还能使脾脏、淋巴结和胸腺的吞噬细胞数减少。

【典型症状与病变】

1. **鼻炎型** 较为常见，多与巴氏杆菌混合感染，鼻腔流出浆液或黏液性分泌物（通常不呈脓性）（图6-1）。病程短，易康复。

图6-1 鼻孔流出黏液性鼻液

2. **支气管肺炎型** 鼻腔流出黏性至脓性分泌物，鼻炎长期不愈，病兔精神沉郁，食欲不振，逐渐消瘦，呼吸加快。成年兔多为慢性，幼兔和青年兔常呈急性。剖检时，如为支气管肺炎型，支气管腔可见混有泡沫的黏脓性分泌物，肺有大小不等、数量不一的脓疱，肝、肾等器官也可见或大或小的脓疱（图6-2至图6-6）。

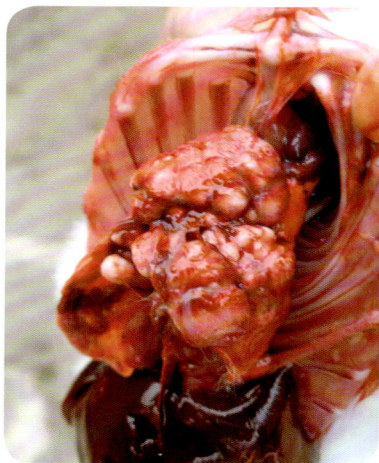

图 6-2 肺的表面和实质见大量脓疱

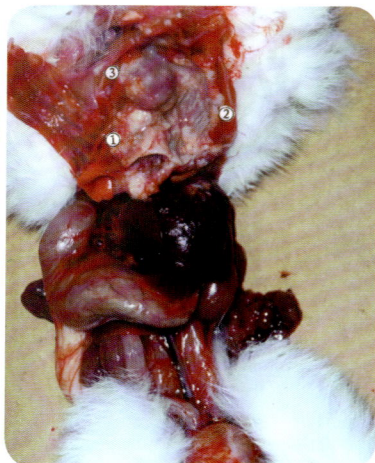

图 6-3 胸腔与心包腔蓄脓 哺乳仔兔：①左肺与胸腔表面 ②有脓汁黏附，心包腔 ③内有黏稠、奶油状的白色脓液

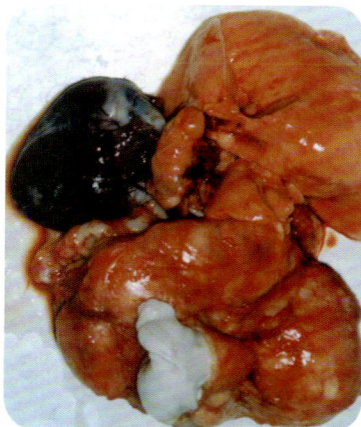

图 6-4 肺上的一个脓疱已切开，从中流出白色奶油状脓汁

图 6-5 肝上组织中密布许多较小的脓疱

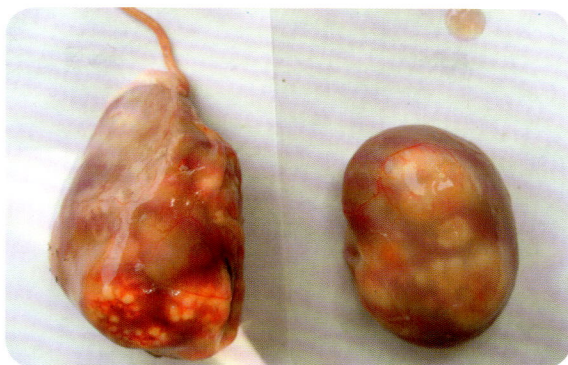

图6-6 肾组织可见大小不等的脓疱

【诊断要点】

①有明显鼻炎、支气管肺炎症状；②有特征性的化脓性支气管肺炎和肺脓疱等病变；③病原菌分离鉴定。

【防治措施】

1. 预防 ①保持兔舍清洁和通风良好。②及时检出、治疗或淘汰有呼吸道症状的病兔。③定期注射兔波氏杆菌灭活苗。每只皮下注射1毫升，免疫期6个月，每年注射2次。

2. 治疗 ①庆大霉素。每只每次1万~2万单位肌内注射，每天2次。②卡那霉素。每只每次1万~2万单位肌内注射，每天2次。

【诊治注意事项】

鼻炎型应与巴氏杆菌病及非传染性鼻炎鉴别，支气管肺炎型应与巴氏杆菌病、绿脓假单胞菌病及葡萄球菌病鉴别。治疗本病停药后易复发，内脏脓疱的病例治疗效果不明显，应及时淘汰。

七、葡萄球菌病

兔葡萄球菌病是由金黄色葡萄球菌引起的常见传染病。其特征为身体各器官脓肿形成或发生致死性脓毒败血症。

【病　原】

金黄色葡萄球菌在自然界分布广泛，革兰氏染色阳性，能产生高效价的 8 种毒素。家兔对本菌特别敏感。

【流行特点】

家兔是对金黄色葡萄球菌最敏感的一种动物。通过各种不同途径都可能发生感染，尤其是皮肤、黏膜的损伤，哺乳母兔的乳头孔是葡萄球菌进入机体的重要门户。通过飞沫经上呼吸道感染时，可引起上呼吸道炎症和鼻炎。通过表皮擦伤或毛囊、汗腺而引起皮肤感染时，可发生局部炎症，并可导致转移性脓毒血症。通过哺乳母兔的乳头孔及乳房损伤感染时，可患乳房炎。仔兔食入含本菌的乳汁、产箱污染物等，均可患黄尿病、败血症等。

【发病机制】

1. 致病物质

（1）**毒素和酶类**　葡萄球菌能产生多种细胞外毒素和酶，其中重要的有以下4种：①溶血毒素。其中以α溶血素为主，它能溶解兔、绵羊和牛的红细胞，损伤平滑肌，促进小血管收缩，造成局部组织缺血、坏死。②杀白细胞素。金黄色葡萄球菌能产生多种损伤白细胞的毒素，其中P-V杀白细胞素（Panto-valentine leucoidin），可使白细胞失去运动力，细胞内颗粒脱出，细胞遭到破坏。③肠毒素。葡萄球菌可产生能使动物发生急性胃肠炎的蛋白质性肠毒素，致呕吐和腹泻。④溶纤维蛋白酶（又名葡激酶）。可激活血浆中的纤维蛋白酶原，变成纤维蛋白酶，然后溶解纤维蛋白。葡激酶还有溶解兔、犬和豚鼠血浆的作用。

（2）**葡萄球菌A蛋白（SPA）**　存在于金黄色葡萄球菌的表面，能抵抗吞噬细胞的吞噬，并可损伤血小板。

2. 所致疾病　金黄色葡萄球菌的感染具有多样性和复杂性，不仅能引起人类和多种动物的局部感染，甚至败血症，还可导致多种转移性病变。

【典型症状与病变】

常表现以下几种病型：

1. 脓肿　原发性脓肿多位于皮下或某一内脏（图7-1），手摸时兔有痛感，稍硬，有弹性，以后逐渐增大变软。脓肿破溃后流出浓稠、乳白色的脓液。一般病兔精神、食欲正常。以后可引起脓毒血症，并在多脏器发生转移性脓肿或化脓性炎症（图7-2）。

图 7-1　颈侧有一脓肿，已破溃，脓
液呈白色奶油状

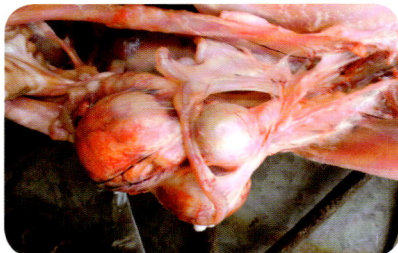

图 7-2　腹腔内有数个大小不等的脓肿，
内有白色奶油状脓液

2. 仔兔脓毒败血症　出生后 2 ~ 3 天皮肤发生粟粒大白色
脓疱（图 7-3），多由于垫草粗糙，刺伤皮肤有关，脓汁呈乳
白色奶油状，多数在 2 ~ 5 天以败血症死亡。剖检时肺脏和心
脏也常见许多白色小脓疱。

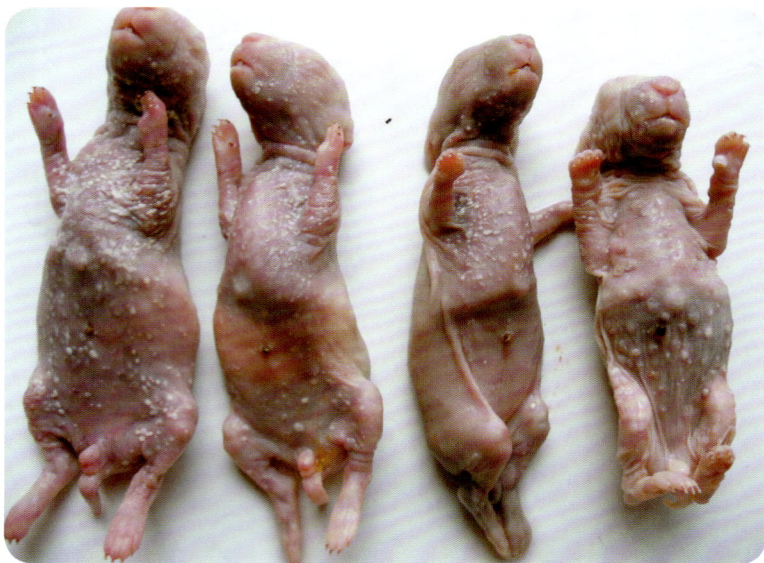

图 7-3　皮肤上散在许多粟粒大的小脓疱

3. 乳房炎　产后 5～20 天的母兔多发。在急性病例，乳房肿胀、发热，色红有痛感。乳汁中混有脓液和血液。慢性时，乳房局部形成大小不一的硬块，之后发生化脓，脓肿也可破溃流出脓汁（图 7-4）。

图 7-4　数个乳头周围都有脓肿形成

4. 仔兔急性肠炎　（黄尿病）仔兔食入患乳房炎母兔的乳汁、或产箱垫料被污染引起。

一般全窝发生，病仔兔肛门四周和后肢被黄色稀粪污染（图 7-5），仔兔昏睡，不食，死亡率高。剖检见出血性胃肠炎

图 7-5　同窝仔兔同时发病，仔兔后肢被黄色稀便污染

病变。膀胱极度扩张并充满尿液，氨臭味极浓。

5. 足皮炎、脚皮炎　足皮炎的病变部大小不一，多位于足底部后肢跖趾区的跖侧面（图7-6），偶见于前肢掌指区的跖侧面，该病型极易因败血症迅速死亡，病死率较高。脚皮炎在足底部。病变部皮肤脱毛、红肿，之后形成脓肿、破溃，最终形成大小不一的溃疡面。病兔频频谨慎换脚休息，跛行，甚至出现跷腿、拱背等症状。

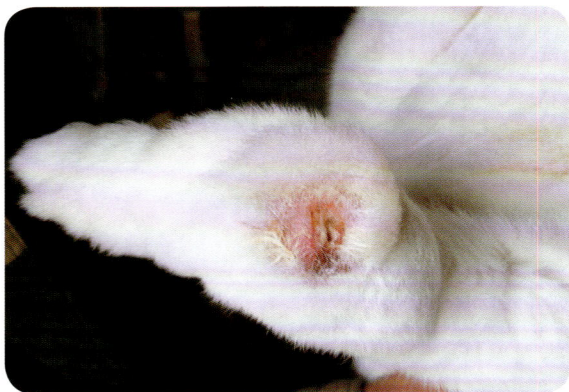

图7-6　后肢跖侧面的一个脓肿，已经发生破溃，流出白色奶油状脓液

【诊断要点】

根据皮肤、乳腺和内脏器官的脓肿及腹泻等症状与病变可怀疑本病，确诊应进行病原菌分离鉴定。

【防治措施】

1. 预防　①防止受外伤，发生外伤及时处理。清除兔笼内一切锋利的物品；产箱内垫草要柔软、清洁；兔体受外伤时要及时做消毒处理；注射疫苗部位要做消毒处理。②产仔前后的母兔适当减少饲喂量和多汁饲料供给量。③发病率高的兔群要定期注射葡萄球菌病菌苗，每年 2 次，每次皮下注射 1 毫升。

2. 治疗 ①局部治疗。局部脓肿与溃疡按常规外科处理，涂擦 5% 龙胆紫酒精溶液，或 3%～5% 碘酊、3% 结晶紫石炭酸溶液、青霉素软膏、红霉素软膏等药物。②全身治疗。苯唑西林钠（新青霉素 II），每千克体重 10～15 毫克，肌内注射，每天 2 次，连用 4 天。也可用四环素，磺胺类药物治疗。

【诊治注意事项】

眼观初步诊断时一定要发现化脓性炎症，仔兔的肠炎要注意与其他疾病所致的肠炎做鉴别。由于巴氏杆菌病，绿脓杆菌病等也可表现化脓性炎症，因此要从病原和病变等多方面来做鉴别。治疗仔兔急性肠炎时，要对母兔和仔兔同时治疗。足皮炎治疗不及时极易因败血病迅速死亡。

八、泰泽氏病

泰泽氏病是由毛样芽孢杆菌引起的实验动物急性传染病。其特征是严重腹泻、脱水和迅速死亡。

【病　原】

毛样芽孢杆菌（图 8-1），为严格的细胞内寄生菌，形态细长，革兰氏染色阴性，能形成芽孢，PAS（过碘酸锡夫）染色与姬姆萨染色着色良好。

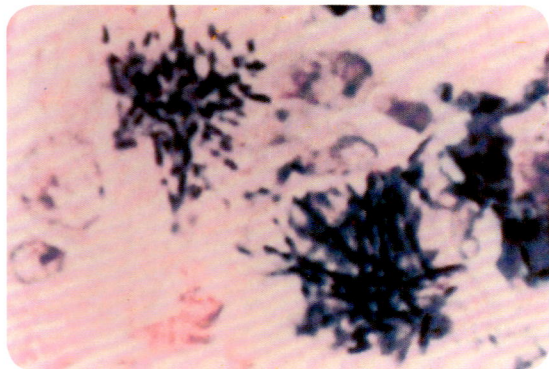

图 8-1　毛样芽孢杆菌菌体细长，积聚成丛　（日·武藤）

【流行特点】

家兔和其他动物均可感染。经消化道感染。主要侵害6～12周龄兔,秋末至春初多发。过热、拥挤、饲养管理不当等应激会诱发本病。应用磺胺类药物治疗其他疾病时,因干扰了胃肠道内微生物的生态平衡,也易导致本病的发生。

【发病机制】

健康兔采食被污染的饲料和饮水,毛样芽孢杆菌进入消化道,特别是盲肠和结肠,侵入肠道黏膜上皮,开始缓慢繁殖;如果此时受到应激因素作用(如过热、拥挤或饲养管理不当等),兔体抗病力下降,则病菌迅速增殖,引起肠道黏膜和深层组织坏死;病菌再经门静脉循环,进入肝脏和其他器官,导致组织坏死。

【典型症状与病变】

发病急,以严重的水泻和后肢沾有粪便为特征(图8-2)。病兔精神沉郁,不吃,迅速全身脱水而消瘦,于1～2天内死亡。少数耐过者,长期食欲不振,生长停滞。剖检见坏死性盲肠结肠炎,回肠后段与盲肠前段浆膜明显出血(图8-3、图8-4)、肝坏死灶形成(图8-5)及坏死性心肌炎(图8-6)。

图8-2　后肢被毛沾污大量稀粪 (陈怀涛)

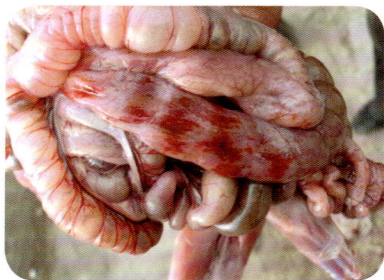

图 8-3　盲肠浆膜大片出血

图 8-4　结肠浆膜出血，呈喷洒状，并见纤维素附着，肠壁水肿，肠腔内充满褐色水样粪便 （范国雄）

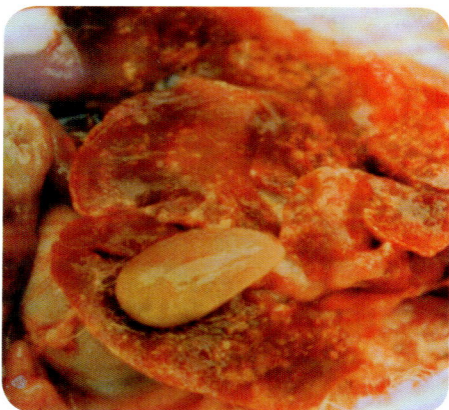

图 8-5　肝表面和实质均见许多斑点状灰黄色坏死灶 （范国雄）

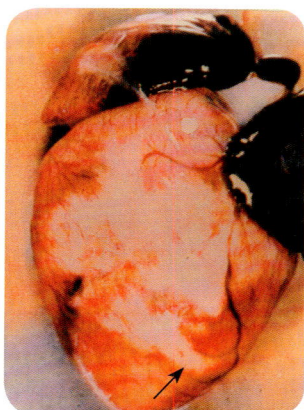

图 8-6　心肌有大片灰白色坏死区，其界限较明显（↑）（日·武藤）

【诊断要点】

①6 ~ 12 周龄幼兔较易感染发病，严重水泻，12 ~ 48 小时内死亡。②盲肠、结肠、肝与心脏的特征性病变；③肝、肠病部组织涂片，姬姆萨或 PAS 染色，在细胞质中可发现病原菌。

【防治措施】

1. 预防　目前尚无疫苗预防。①加强饲养管理，注意清洁卫生。做好兔的排泄物管理，应做发酵处理。②消除各种应激因素。如过热、拥挤等。

2. 治疗　患病早期用 0.006% ~ 0.01% 土霉素水供患兔饮用。也可用青霉素、链霉素联合肌内注射。治疗无效时，应及时淘汰。

【诊治注意事项】

本病的诊断要依腹泻、肠炎、肝与心脏坏死等特征，病原菌检查可以确诊。由于本病有腹泻症状，应注意与沙门氏菌病、大肠杆菌病及魏氏梭菌病鉴别。注意土霉素的休药期。

九、兔传染性水疱口炎

兔传染性水疱口炎俗称流涎病，是由水疱口炎病毒引起的一种急性传染病。其特征是口腔黏膜形成水疱和伴有大量流涎。发病率和死亡率较高，幼兔死亡率可达 50%。

【病　原】

兔传染性水疱口炎病毒，主要存在于病兔的水疱液、水疱及患部淋巴结中。

【流行特点】

病兔是主要的传染源。病毒随污染的饲料或饮水经口、唇、齿龈和口腔黏膜而侵入，吸血昆虫的叮咬也可传播本病。饲养管理不当，饲喂发霉变质或带刺的饲料，引起黏膜损伤，更易感染。本病多发于春、秋季，主要侵害 1～3 月龄的仔、幼兔，青年兔、成年兔发病率较低。

【发病机制】

水疱性口炎病毒（VSV）是通过上皮和黏膜侵入机体的，

一旦侵入上皮层，即在皮内发生原发病变；同时，在较深层的皮肤中，尤其是棘细胞层，病毒的复制更活跃，从病毒复制到引起细胞溶解，会有渗出液蓄积，小水疱变成大水疱。

当水疱性口炎病毒扩散到整个生发层后，常破坏柱状细胞层和基底膜，在真皮和皮下组织中，有出血、水肿和白细胞浸润。

VSV 于感染 48 小时后到达血液，引起发热，体温高达 40.5℃左右，常可持续 3～4 天，呈稽留热型；病毒血症虽可逐渐消失，但水疱在增大。此后，患兔体温突然下降，大量流涎，感染上皮发生腐烂、脱落，出现新鲜出血面，偶尔形成溃疡。

【典型症状与病变】

口腔黏膜发生水疱性炎症，并伴随大量流涎（图 9-1）。病初体温正常或升高，口腔黏膜潮红、充血，随后出现粟粒大至扁豆大的水疱。水疱破溃后形成溃疡。流涎使颌下、胸前和前肢被毛粘成一片，发生炎症、脱毛（图 9-2、图 9-3）。如

图 9-1　病兔大量流涎，沾湿下颌、嘴角和颜面部被毛

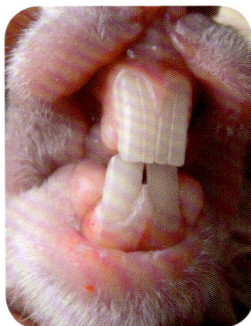

图 9-2　下唇和齿龈黏膜有不规则的溃疡

图 9-3　齿龈和唇黏膜充血，有结节和水疱形成　（陈怀涛）

63

继发细菌性感染，常引起唇、舌、口腔黏膜坏死，发生恶臭。病兔食欲下降或废绝，精神沉郁，消化不良，常发生腹泻，日渐消瘦，虚弱或死亡。幼兔死亡率高，青年兔、成年兔死亡率较低。

【诊断要点】

根据流行病学资料（主要危害1～3月龄的幼兔，其中1～2周龄的幼兔最常见，成年兔发病少，本病常发生于春、秋季）、症状（大量流涎）和病变（口腔黏膜的结节、水疱与溃疡）可做出诊断；必要时做病毒鉴定。

【防治措施】

1. 预防　①经常检查饲料质量，严禁用粗糙、带芒刺饲草饲喂幼兔。②发现流口水兔，及时隔离治疗，并对兔笼、用具等用2%氢氧化钠溶液消毒。

2. 治疗　①青霉素涂抹口腔。可用青霉素粉剂涂于口腔内，剂量以火柴头大小为宜，一般一次可治愈。但剂量大时易引起兔死亡。②合剂涂擦口腔。先用防腐消毒液（如1%盐水或0.1%高锰酸钾溶液等）冲洗口腔，然后涂擦碘甘油、明矾与少量白糖的混合剂，每天2次。③全身治疗。可内服磺胺二甲嘧啶，每千克体重0.2～0.5克，每天1次。对可疑病兔喂服磺胺二甲嘧啶，剂量减半。

【诊治注意事项】

本病的诊断比较容易，但应注意与坏死杆菌病、兔痘鉴别。治疗最好局部与全身兼治，疗效较好。

十、附红细胞体病

附红细胞体病简称附红体病，是由附红细胞体所引起的一种急性、致死性人兽共患传染病。家兔也可感染发病，其特征是发热、贫血、出血、水肿与脾肿大等。

【病　原】

附红细胞体是一种多形态微生物，多为环形、球形和卵圆形，少数为顿号形和杆状。

【流行特点】

本病可经直接接触传播。吸血昆虫如扁虱、刺蝇、蚊、蜱等及小型啮齿动物是本病的传播媒介。各种年龄兔均易感。一年四季均可发生，但以吸血昆虫大量繁殖的夏、秋季节多见。

【发病机制】

附红细胞体病的发病机制，至今尚未完全搞清，有待进一步研究。附红细胞体大量存在血液中，通过血液循环侵入

各器官引起各种病变，呈现一种出血性综合征。

【典型症状与病变】

本病以 1～2 月龄幼兔受害最严重，成年兔症状不明显，常呈带菌状态。病兔四肢无力，精神沉郁，运动失调（图 10-1）。最后由于贫血、消瘦、衰竭而死亡。剖检可见腹肌出血（图 10-2），腹腔积液，脾脏肿大（图 10-3），膀胱充满黄色尿液，有的病例可见黄疸、肝脂肪变性，胆囊胀满（图 10-4），肠系膜淋巴结肿大（图 10-5）等。

图 10-1　附红体病兔精神不振，四肢无力，头着地

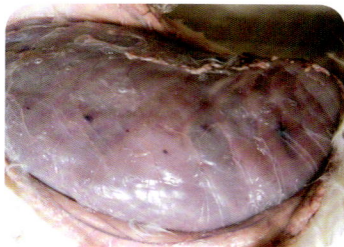

图 10-2　腹肌出血（谷子林）

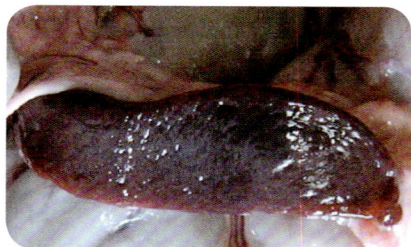

图 10-3　脾脏肿大，呈暗红色（谷子林）

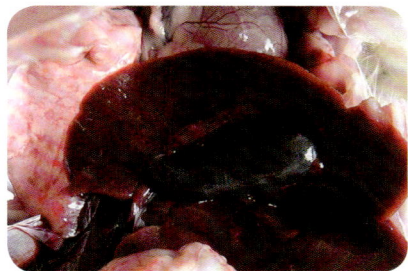

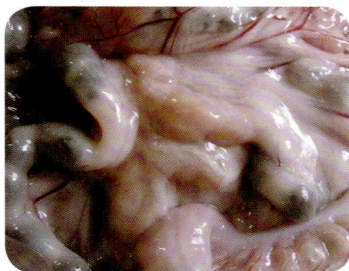

图 10-4　胆囊胀满，充满胆汁　（谷子林）　　图 10-5　肠系膜淋巴结肿大　（谷子林）

【诊断要点】

①本病多见于吸血昆虫大量繁殖的夏、秋季节。②有发热、贫血、消瘦等症状和病理变化。③取血涂片、染色，镜检附红细胞体及被感染的红细胞形态（图 10-6）。

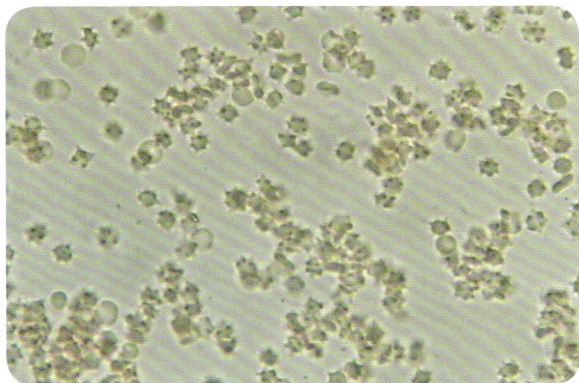

图 10-6　变形的红细胞形态　红细胞表面有附红细胞体，故红细胞变形、不整，边缘呈锯齿状（谷子林）

【防治措施】

1. 预防　①购种严格检查。成年兔是带菌者，所以购入

种兔时要严格进行检查。②减少各种应激。消除各种应激因素对兔体的影响。③做好夏、秋季节兔群管理工作。防止昆虫叮咬。

2. 治疗　①新胂凡纳明。每千克体重40~60毫克，以5%葡萄糖注射液溶解成10%注射液，静脉缓慢注射，每天1次，隔3~6天重复用药1次。②四环素。每千克体重40毫克，肌内注射，每天2次，连用7天。③土霉素。每千克体重40毫克，肌内注射，每天2次，连用7天。

此外，贝尼尔（血虫净）、氯苯胍等也可用于本病的治疗。贝尼尔＋多西环素或贝尼尔＋土霉素按说明用药，效果良好。

【诊治注意事项】

本病为人兽共患病，应注意个人卫生防护。本病主要症状为贫血、发热、精神不振等一般症状，因此必须认真检查，并结合剖检做出诊断。

十一、破 伤 风

破伤风又称强直症，是由破伤风梭菌经创伤感染所引起的一种人兽共患传染病。病兔的特征为骨骼肌痉挛和肢体僵直。

【病　原】

破伤风梭菌为一种大型、革兰氏阳性、能形成芽孢的厌氧性细菌。芽孢在菌体的一端，似鼓锤状或球拍状。本菌可产生多种毒素，其中痉挛毒素是引起强直症状的决定性因素。

【流行特点】

创伤是本病的主要传播途径。剪毛、刺号（或安装耳标）、咬伤、手术及注射时消毒不严，常可因污染本菌的芽孢而发病。临床实践中，有些病例查不到伤口，可能是创伤已假性愈合，或可能经损伤的子宫、消化道黏膜感染。

【发病机制】

1. 发病前提　在有深创、水肿和坏死组织存在的条件下，或有其他化脓菌或与需氧菌共同侵入时，破伤风梭菌大量繁

殖，产生毒素，引发破伤风。

2. 两条通道 破伤风痉挛毒素通过外周神经纤维间的空隙，上行到脊髓腹角神经细胞，或通过淋巴、血液途径到达运动神经中枢。

3. 两大主征 破伤风痉挛毒素与中枢神经系统有高度的亲和力，能与神经组织中神经节苷酯结合，封闭脊髓抑制性突触，使抑制性突触末端释放的抑制性冲动传递介质（甘氨酸）受阻，上、下神经元之间的正常抑制性冲动不能传递，从而引起神经兴奋性异常增高和骨骼肌痉挛的强直症。

4. 导致死亡的根本原因 破伤风痉挛毒素对中枢神经系统的抑制作用，导致呼吸功能紊乱，进而发生循环障碍和血液动力学紊乱，出现脱水和酸中毒。

【典型症状与病变】

本病潜伏期为4～20天。病初，病兔食欲减少，继而废绝，瞬膜外露，牙关紧闭，流涎，四肢僵硬，呈木马状（图11-1至图11-4），以死亡告终。剖检无特异病变，仅见因窒息缺氧所致的病变，如血液凝固不良，呈黑紫色，肺淤血、水肿，黏

图11-1　病兔两耳直立，肌肉僵硬，四肢强直，呈"木马状"，站立不稳（董仲生）

图11-2　瞬膜外露

图 11-3　病兔流涎，牙关紧闭

图 11-4　眼球突出，两耳竖立，肢体僵硬，似木马

膜和浆膜散布数量不等的小出血点。

【诊断要点】

根据特征症状和外伤病史，一般可做出初步诊断。当症状不明显时，可在创伤深部采取病料，涂片染色，检查破伤风梭菌。

【防治措施】

1. 预防　①保持兔舍、兔笼及用具清洁卫生，严防尖锐物刺伤兔体。剪毛时避免损伤皮肤。一旦发生外伤，要及时处理，防止感染。手术、刺号（安装耳标）及注射时要严格消毒。②做好伤口处理工作。对较大、较深的创伤，除做开放扩创处理外，还应肌内注射破伤风抗毒素 1 万～3 万单位。

2. 治疗　①静脉注射破伤风抗毒素。每天 1 万～2 万单位，连用 2～3 天。②肌内注射青霉素，每天 20 万单位，分 2 次注射，连用 2～3 天。静脉注射 10% 葡萄糖注射液、0.9% 氯化钠

71

注射液 50 毫升，每天 2 次。

【诊治注意事项】

正确扩创处理，严防创伤内厌氧环境的形成，是防止本病发生的重要措施之一。本病为人兽共患传染病，要注意个人卫生防护。

十二、毛癣菌病

毛癣菌病是由致病性皮肤癣真菌感染表皮及其附属结构（如毛囊、毛干）而引起的疾病，其特征为皮肤局部脱毛、形成痂皮甚至溃疡。除兔外，本病也可感染人、多种畜禽及野生动物。兔群一旦感染，很难彻底治愈，是目前危害兔业发展的主要疾病之一。

【病　原】

须发癣菌是引起毛癣菌病最常见的病原体，石膏状小孢菌、犬小孢子菌等也可引起。

【流行特点】

本病多由引种不当所致。引进的隐形感染者（青年兔或成年兔））不表现临床症状，待配种产仔后，仔兔哺乳被感染发病，青年兔可自愈，但常为带菌者（图12-1）。

【发病机制】

1. 剪毛癣　小孢子菌在被毛密集的部位，可通过毛囊口侵入毛囊细胞，以菌丝丛和无数孢子构成管套形式，将毛根完

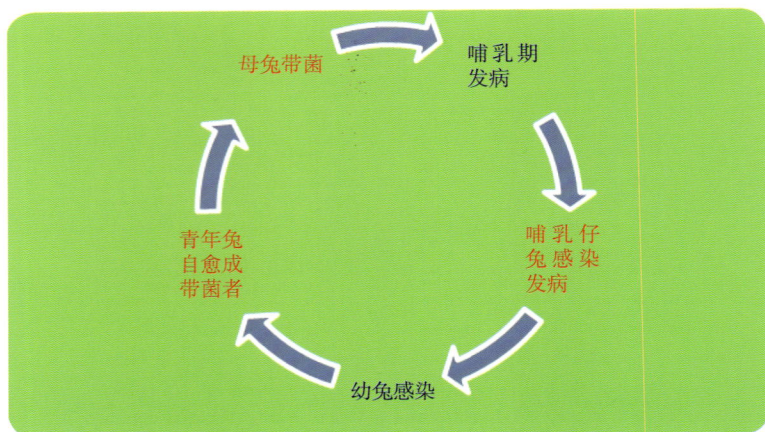

图 12-1　癣菌病的感染方式

全包围；另有一些菌丝沿毛干生长，在毛根中部侵入毛干上皮细胞层，导致毛干分叉。这种分叉的毛干长出皮肤表面后不久即折断，好像被剪断了的被毛，这样的病象被称为剪毛癣。

2. **秃毛癣**　小孢子菌在侵入毛囊细胞后，有时可引起化脓性毛囊炎和毛囊周围炎，使毛根松动，被毛全部脱落，从而形成秃毛癣。

3. **痂癣**　在小孢子菌感染之初，表皮和皮肤表面均有较多的渗出物，细胞增生旺盛，通过产生小结节和小水疱，或不经过小结节和小水疱阶段，而形成痂皮，这种病象称为痂癣。

【典型症状与病变】

仔兔多因哺乳带菌的母兔被感染，常同窝仔兔相继或同时发生，病初感染部位发生在头部，如嘴周围、鼻部、面部、眼周围、耳朵及颈部等皮肤，继而感染肢端、腹下和其他部位，患部皮肤形成不规则的块状或圆形、椭圆形脱毛（秃毛癣）与断毛区（剪毛癣），覆盖一层灰白色糠麸状痂皮（痂癣），并发生炎性变化，有时形成溃疡（图12-2至图12-5）。患兔剧痒，骚动不安，采食下降。逐渐消瘦，或继发感染使病情恶化而死亡。本病虽可自愈，但成为带菌者，严重影响生长及毛皮质量。

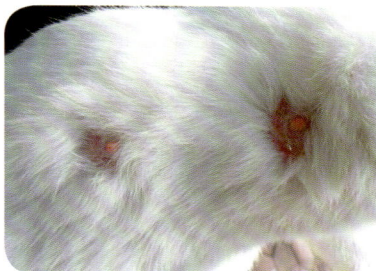

图12-2　母兔乳头起灰黄色痂皮

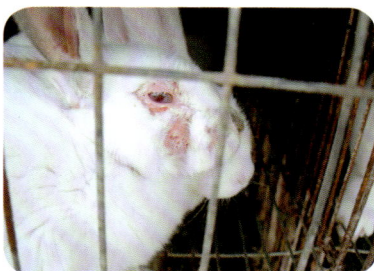

图12-3　颜面部、眼周围脱毛、充血、起痂

图12-4　口、眼、耳脱毛、起痂、感染

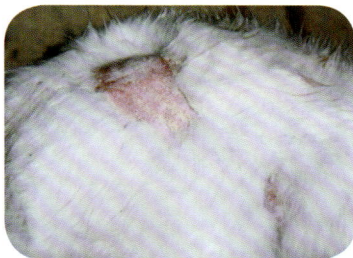

图12-5　背部、腹侧有界限明显的片状脱毛区，皮肤上覆盖一层白色糠麸样痂皮

【诊断要点】

①有从感染本病兔群引种史。②仔、幼兔易发，成年兔常无临床症状但多为带菌者，成为兔群感染源。③皮肤的特征病变。④刮取皮屑检查，发现真菌孢子和菌丝体即可确诊。

【防治措施】

1. 预防 ①引种要慎重。对供种场兔群尤其是仔、幼兔要严格调查，确信为无病的方可引种。引种时必须隔离观察至第一胎仔兔断奶，确认出生后的仔兔无本病发生，才能将种兔混入兔群饲养。②及时隔离、淘汰。一旦发现兔群有患兔可疑，立即隔离治疗，最好做淘汰处理，并对所在环境进行全面彻底消毒。

2. 治疗 由于本病传染快，治疗效果虽然较好但易复发，目前尚未有效的治疗方法，为此，笔者强烈建议以淘汰为主。①克霉唑制剂。对初生仔兔全身涂抹克霉唑制剂可以有效预防仔兔的发生。②局部治疗。先用肥皂或消毒药水涂擦，以软化痂皮，将痂皮去掉，然后涂擦2%咪康唑软膏或益康唑软膏等，每天涂2次，连涂数天。③全身治疗。口服灰黄霉素，按每千克体重25~60毫克，每天1次，连服15天，停药15天再用15天。

【诊治注意事项】

本病可传染给人，尤其是小孩、妇女，因此应注意个人防护工作。注意与螨病做鉴别。螨病各种年龄兔均可发生，发生部位主要在耳内（痒螨）、耳边缘和爪部等，使用伊维菌素等药物治疗效果明显。毛癣菌病主要感染仔、幼兔，各种部位均可感染，治疗后极易发作。

十三、球虫病

兔球虫病主要是由艾美耳属的多种球虫引起的一种对幼兔危害极其严重的原虫病，其特征为腹泻、消瘦及球虫性肝炎和肠炎。该病被我国定为二类动物疫病。

【病原及发育史】

侵害家兔的球虫约有 10 多种。除斯氏艾美耳球虫寄生于肝脏胆管上皮细胞外，其他种类的球虫均寄生于肠上皮细胞。不同球虫形态各异。

球虫发育史分为 3 个阶段：①无性繁殖阶段：球虫寄生部位（上皮细胞内）以裂殖法进行增殖。②有性繁殖阶段：以配子生殖法形成雌性细胞（大配子）和雄性细胞（小配子），雌、雄细胞融合成合子。这一阶段也在宿主上皮细胞内完成。③孢子生殖阶段：合子变为卵囊，卵囊内原生质团分裂为孢子囊和子孢子。该阶段在外界环境中完成。

寄生在上皮细胞的球虫，发育至一定阶段即形成卵囊。卵

囊从破坏了的细胞中落入宿主肠道中随同粪便一起排出外界。在良好的环境（适宜的温度、湿度和充分的氧气）中，经过几昼夜，卵囊内就形成4个孢子囊，每个孢子囊内包含着两个香蕉状的子孢子，此时即成为侵袭性卵囊。当家兔经口食入侵袭性卵囊后，子孢子在肠道破囊而出，随即侵入上皮细胞变成圆形的裂殖体。裂殖体在上皮细胞内发育形成很多裂殖子后，上皮细胞遭到破坏，裂殖子从破坏了的细胞内逸出，又侵入新的上皮细胞内，以同样的裂殖体破坏新的上皮细胞。如此反复多次进行无性繁殖，使上皮受到严重破坏，从而引起发病。

无性生殖一般进行3代以后，就出现有性生殖（配子生殖）。此时裂殖体形成配子而不是裂殖体。在形成配子的过程中，首先产生小配子体和大配子体。小配子体的核分裂多次，以后每个核周围出现原生质，最后分裂成为很多小配子（即雄性细胞）。1个大配子体只形成1个雌性细胞（即大配子）。两性细胞成熟后，小配子进入大配子内并与之结合成为合子。合子迅速形成一层被膜，即成为通常粪便检查时收集的卵囊。卵囊到外界又进行孢子生殖，子孢子侵入宿主体内又重复以上的发育。

【流行特点】

兔是兔球虫病的唯一自然宿主。本病一般在温暖多雨的季节流行，在南方地区早春及梅雨季节高发，北方地区一般在7～8月份，呈地方性流行。所有品种的家兔对本病都有易感染性。成年兔受球虫的感染强度较低，因有免疫力，一般都能耐过。断奶至5月龄的兔最易感染。其感染率可达100%，患病后幼兔的死亡率也很高，可达80%左右。耐过的兔长期不能康复，生长发育受到严重影响，一般可减轻体重 12% ~ 27%。

成年兔、兔笼和鼠类等在球虫病的流行中起着很大的作用。球虫卵囊对化学药品和低温的抵抗力很强，但在干燥和高温条件下很容易死亡，如在 80℃热水中可生存 10 秒钟，在沸水中立即死亡。紫外线对各发育阶段的球虫均有较强的杀灭作用。

【 发病机制 】

兔球虫具有侵袭性的孢子化卵囊，被家兔食入之后，卵囊壁被消化液所溶解，子孢子逸来，随即侵入肠壁上皮细胞发育为裂殖体；裂殖体以裂殖生殖的方式在上皮内迅速繁殖，形成许多裂殖子，上皮细胞遭到不同程度的破坏，裂殖子从破坏的细胞内逸出，又侵入新的上皮细胞，如此反复地繁殖；经过几次以后，使肠黏膜组织遭到破坏，影响饲料、饲草的消化、吸收，引起兔体脱水、失血，并诱使继发感染，增加对其他兔病的易感性。

值得指出的是，部分家兔感染兔球虫后，还严重损害肝脏，引起胆管和肝脏发炎，并形成结节，肝脏发生明显功能障碍，使病情日趋严重。

【 典型症状 】

根据病程长短和强度可分为：①最急性：病程 3 ~ 6 天，家兔常死亡；②急性：病程 1 ~ 3 周；③慢性：病程 1 ~ 3 月龄。

根据发病部位可分为肝型、肠型和混合型 3 种类型。肝型球虫病的潜伏期为 18 ~ 21 天，肠型球虫病的潜伏期依寄生虫种不同在 5 ~ 11 天之间。除人工感染外，生产实践中球虫病往往是混合型。

病初食欲降低，随后废绝，伏卧不动（图 13-1），精神沉郁，两眼无神，眼、鼻分泌物增多，贫血，腹泻，幼兔生长停滞。有时腹泻或腹泻与便秘交替出现。病兔因肠臌气，肠壁增厚，膀胱积尿，肝脏肿大而出现腹围增大，手叩似鼓。家兔患肝球虫病时，肝区触诊疼痛；肝脏严重损害时，结膜苍白，有时黄染。病至末期，幼兔出现神经症状，四肢痉挛，头向后仰，有时麻痹，终因衰竭而死亡。

图 13-1　患兔精神沉郁，被毛蓬乱，食欲减退，伏地

〔病理变化〕

1. 肝脏变化　可见肝肿大，表面有粟粒大至豌豆大的圆形白色或淡黄色结节病灶（图 13-2、图 13-3），沿小胆管分布。切面胆管壁增厚，管腔内有浓稠的液体或有坚硬的矿物质。胆囊肿大，胆汁浓稠、色暗。腹腔积液。急性期，病兔肝脏极度肿大，可较正常肿大 7 倍左右。慢性肝球虫病，其胆管周围和肝小叶间部分结缔组织增生，肝细胞萎缩（间质性肝炎），胆囊黏膜有卡他性炎，胆汁浓稠，内含崩解的上皮细胞。镜检有时可发现大量的球虫卵囊。

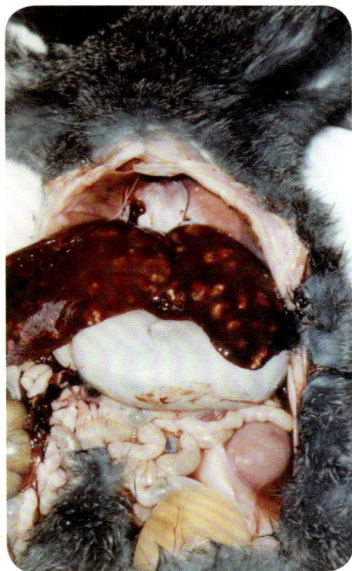

图 13-2　肝表面有淡黄白色圆形结
节，膀胱积尿

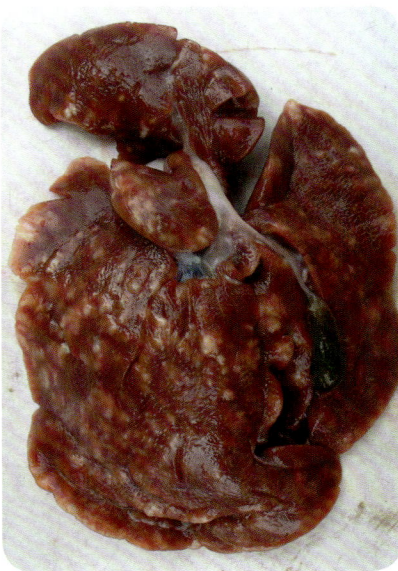

图 13-3　肝脏上密布大小不等的淡黄色结
节，胆囊充盈

2. 肠管变化　病变主要在十二指肠、空肠、回肠和盲肠等部。可见肠壁血管充血，肠黏膜充血并有点状溢血。小肠内充满气体和大量黏液，有时肠黏膜覆盖有微红色黏液（图 13-4）。慢性病例，肠黏膜呈淡灰色，肠黏膜上有许多小而硬的白色结节（内含大量球虫卵囊）和小的化脓性、坏死病灶（图 13-5、图 13-6）。有的

图 13-4　感染黄艾美耳球虫的家兔的结
肠出血 （汪运舟）

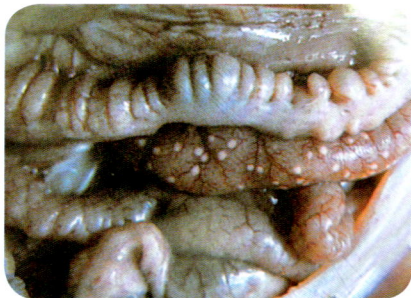

图 13-5　小肠黏膜呈淡灰色，有白色结节　（董亚芳、王启明）

图 13-6　小肠壁散在大量灰白色球虫结节　（范国雄）

盲肠壁有小脓肿。

【诊断要点】

①温暖潮湿环境易发。②幼兔易感染发病，病死率高。③主要表现腹泻、消瘦、贫血等症状。④肝、肠特征的结节状病变。⑤检查粪便卵囊，或用肠黏膜、肝结节内容物及胆汁做涂片，检查卵囊、裂殖体与裂殖子等。具体方法：滴 1 滴 50% 甘油溶液于载玻片上，取火柴头大小的新鲜兔粪便，用竹签加以涂布，并剔掉粪渣，盖上盖玻片，放在显微镜下用低倍镜（10× 物镜）检查。饱和盐水漂浮法的操作方法：取新鲜兔粪 5 ~ 10 克放入量杯中，先加少量饱和盐水将兔粪捣烂混匀，再加饱和盐水到 50 毫升。将此粪液用双层纱布过滤，滤液静置 15 ~ 30 分钟，球虫卵即浮于液面，取浮液镜检。相对而言，饱和盐水漂浮法检出率更高。

另外，还可在剖检后取肠道内容物、肠黏膜、结节等进行压片或涂片，用姬姆萨液染色，镜检如发现大量的裂殖体、裂殖子等各型虫体也可确诊。

【防治措施】

1. 预防 ①实行笼养，大小兔分笼饲养，定期消毒，保持室内通风干燥。②兔粪尿要堆积发酵，以杀灭粪中卵囊。病死兔要深埋或焚烧。兔青饲料地严禁用兔粪作肥料。③定期对成年兔进行药物预防。④ 17 ~ 90 日龄兔饲料或饮水中添加抗球虫药物。氯苯胍，按 0.015% 混饲；甲基三嗪酮（妥曲珠利、百球清），按 0.0015% 饮水，连用 21 天。氯嗪苯乙腈（地克珠利），饲料和饮水中按 0.0001% 添加。

2. 治疗 发生本病可按以上药物加倍剂量用药，其中甲基三嗪酮治疗剂量为 0.0025% 饮水，连喂 2 天，间隔 5 天，再用 2 天。一般地克珠制用 6 ~ 8 个月后，换氯苯胍 4 ~ 5 个月。

【诊治注意事项】

注意球虫引起的肝结节与豆状囊尾蚴、肝毛细线虫等引起的肝病变鉴别。预防用抗球虫药物要经常轮换使用药或交替使用，以防产生抗药性。

十四、脑炎原虫病

兔脑炎原虫病是由兔脑炎原虫引起，一般为慢性、隐性感染，常无症状，有时见脑炎和肾炎症状。

【病　原】

兔脑炎原虫的成熟孢子呈杆状，两端钝圆，或呈卵圆形（图 14-1）。

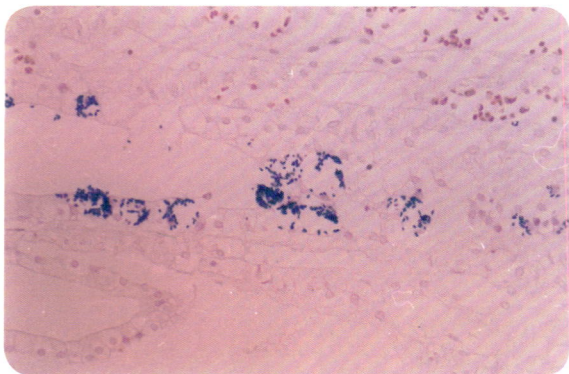

图 14-1　肾小管上皮细胞中的脑炎原虫（蓝色）　革兰氏染色 ×100　（潘耀谦）

【流行特点】

本病分布于世界各地。病兔的尿液中含有兔脑炎原虫。主要感染途径为消化道、胎盘，秋、冬季节多发。感染率为15%～76%。

【发病机制】

兔脑炎原虫侵入兔体后，沿血液循环到达肾组织，并在肾小管上皮细胞内增殖，使上皮细胞产生病变。由于虫体及其代谢产物释入管腔或周围组织，从而导致间质性肾炎。

大脑也是脑炎原虫侵害的主要靶器官之一。兔脑炎原虫随血液循环进入大脑，首先，侵入大脑皮质，破坏神经细胞造成损伤，形成非化脓性脑炎，并引起脑部其他病变，从而导致一系列症状的出现。

【典型症状与病变】

通常呈慢性或隐性感染，常无症状，有时可发病，秋、冬季节多发，各年龄兔均可感染发病，见脑炎和肾炎症状，如惊厥、颤抖、斜颈、麻痹、昏迷、平衡失调（图14-2，图14-3）、蛋白尿及腹泻等。剖检见肾表面有白色小点或大小不等的凹陷状病灶（图14-4），病变严重时肾表面呈颗粒状或高低不平。

图 14-2　颈歪斜

图 14-3　站立不稳，转圈运动 （潘耀谦）

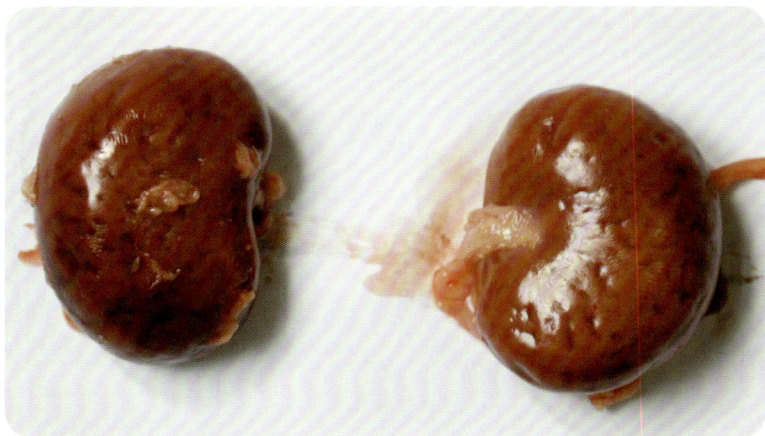

图 14-4　肾表面有大小不一的凹陷状病灶

【诊断要点】

主要根据肾脏的眼观变化及肾、脑的组织变化做诊断。肾、脑可见淋巴细胞与浆细胞肉芽肿，肾小管上皮细胞和脑肉芽肿中心可见脑炎原虫。也可见到淋巴细胞性心肌炎及肠系膜淋巴结炎。

【防治措施】

淘汰病兔，加强防疫和改善卫生条件有利于本病的预防。目前尚无有效的治疗药物，可试用芬苯达唑或土霉素。

【诊治注意事项】

本病生前诊断很困难，因为神经症状和肾炎症状很难与本病联系在一起。要注意与有斜颈症状的疾病（如李氏杆菌病、巴氏杆菌病等）鉴别。病原体的形态与弓形虫有一定相似，注意鉴别，但革兰氏染色脑炎原虫呈阳性，弓形虫呈阴性；苏木精－伊红染色时，脑炎原虫不易着色，而弓形虫则可着色。

十五、豆状囊尾蚴病

豆状囊尾蚴病是由豆状带绦虫—豆状囊尾蚴寄生于兔的肝脏、肠系膜和大网膜等所引起的疾病。

【病　原】

豆状带绦虫寄生于犬、狼、猫和狐狸等肉食兽的小肠内，成熟绦虫排出含卵节片，兔食入污染有节片和虫卵的饲料后，六钩蚴便从卵中钻出，进入肠壁血管，随血流到达肝脏。再钻出肝膜，进入腹腔，在肠系膜、大网膜等处发育为豆状囊尾蚴。豆状囊尾蚴虫体呈囊泡状，大小为10～18毫米，囊内含有透明液和1个头节，具成虫头节的特征（图15-1）。

图 15-1　豆状囊尾蚴呈小泡状，其中有 1 个白色头节 （任克良、李燕平）

【流行特点】

本病呈世界性分布。各种年龄的兔均可发生。因成虫寄生在犬、狐狸等肉食动物的小肠内，所以凡饲养有犬的兔场，如果对犬管理不当，往往造成整个兔群发病。

【发病机制】

兔采食或饮水时，误食虫卵，卵壳被消化道内的水解酶消化，六钩蚴被消化酶激活后，从胚膜内孵出。孵出的六钩蚴即钻入肠壁血管，随血流到达肝实质，以后逐渐移行到肝表面，最后到达大网膜、肠系膜或其他部分的浆膜，发育为豆状囊尾蚴。

兔严重感染豆状囊尾蚴时，可出现肝炎，急性发作可突然死亡；慢性病例主要表现为消化功能紊乱、不喜活动和逐渐消瘦等症状。

【典型症状与病变】

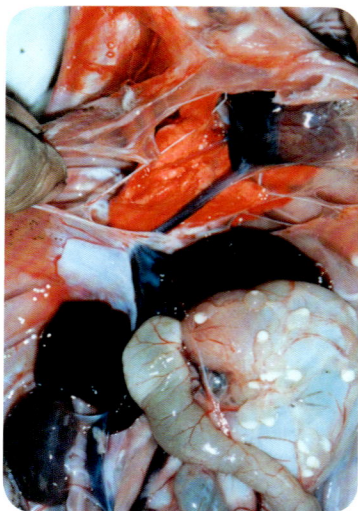

图 15-2 胃浆膜面寄生的豆状囊尾蚴

轻度感染一般无明显症状。大量感染时可导致肝炎和消化障碍等表现，如食欲减退，腹围增大，精神不振，嗜睡，逐渐消瘦，最后因体力衰竭而死亡。急性发作可引起突然死亡。剖检见囊尾蚴一般寄生在肠系膜、大网膜、肝表面、膀胱等处浆膜，数量不等，状似小水泡或石榴籽（图15-2、 图15-3、 图15-4）。虫体通过肝脏的迁移导致肝纤维化和坏疽的发生（图15-5、图15-6）。

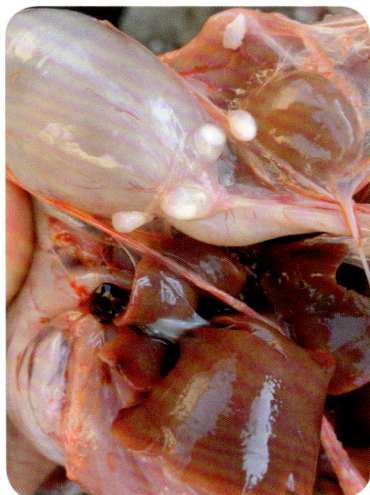

图 15-3　膀胱上寄生的豆状囊尾蚴

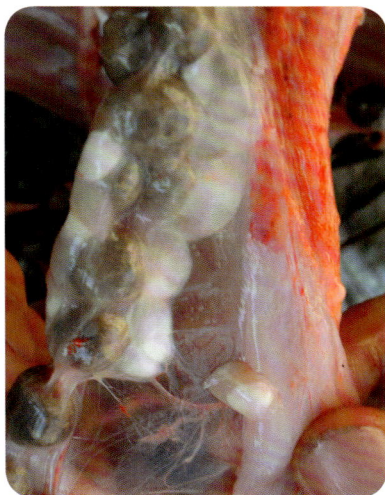

图 15-4　直肠浆膜上寄生的囊尾蚴

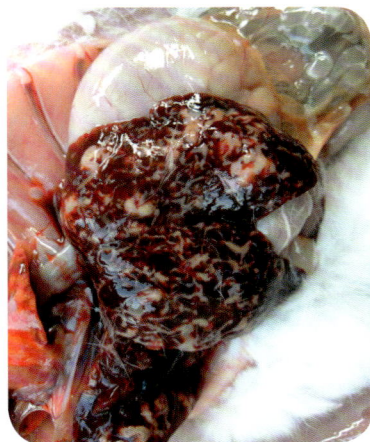

图 15-5　肝大面积结缔组织增生

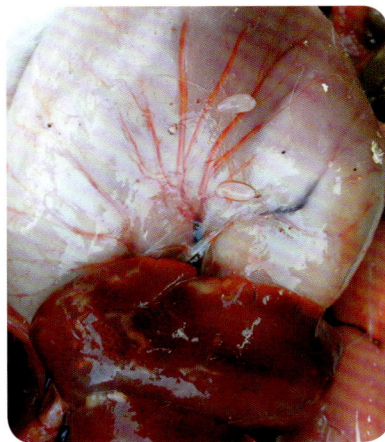

图 15-6　六钩蚴在肝内移行所致的弯曲条纹状结缔组织增生（慢性肝炎）；胃浆膜有几个豆状囊尾蚴寄生

【诊断要点】 兔场饲养有犬的兔群多发；生前仅以症状难以做出诊断，可用间接血凝反应检测诊断。剖检发现豆状囊尾蚴即可做出确诊。

【防治措施】

1. 预防 ①做好兔场饲料卫生管理。②兔场内禁止饲养犬、猫或对犬、猫定期进行驱虫。驱虫药物可用吡喹酮，根据说明用药。带虫的病兔尸体勿被犬、猫食入。

2. 治疗 可用吡喹酮，每千克体重 10～35 毫克，口服，每天 1 次，连用 5 天。

【诊治注意事项】

凡养犬的兔场，本病发生率较高。兔群一旦检出一个病例，应考虑全群预防和治疗。

十六、蛲虫病

兔蛲虫病是由栓尾线虫寄生于兔的盲肠和结肠所引起的一种感染率较高的寄生虫病。

【病　原】

栓尾线虫呈白线头样，成虫长 5～10 毫米，寄生在盲肠和结肠。

【流行特点】

本病分布广泛，獭兔多发。

【发病机制】

首先，幼虫寄生在结肠黏膜，虫体过多时，可引起肠黏膜损伤，有时发生溃疡，或引起大肠炎。其次，雌虫在肛门周围排卵时，引起尾根部剧痒，使兔兴奋不安，并以臀部摩擦各种物体，引起该部脱毛或擦伤。再者，蛲虫的生活产物，也对兔体产生毒素作用。

【典型症状与病变】

少量感染时，一般不表现症状。严重感染时，表现心神不

定，当肛门有蛲虫活动或雌虫在肛门产卵时，病兔表现不安，肛门发痒，用嘴啃肛门处，采食、休息受影响，食欲下降，精神沉郁，被毛粗乱，逐渐消瘦，腹泻，可发现粪便中有乳白色似线头样栓尾线虫（图 16-1）。剖检见大肠内也有栓尾线虫（图 16-2）。严重感染兔，肝脏、肾脏呈土黄色。

图 16-1　粪球上附着的蛲虫

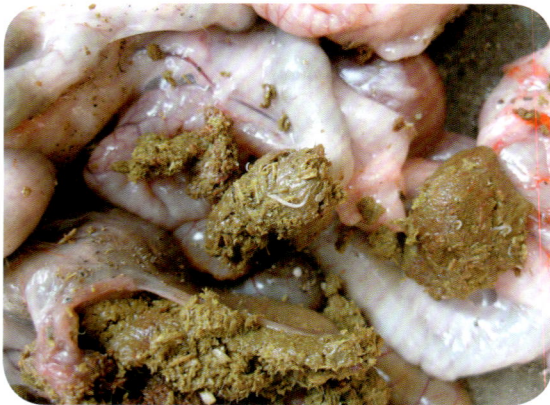

图 16-2　盲肠内容物中的蛲虫

十六、蛲虫病

【诊断要点】

獭兔多发。根据患兔常用嘴舌啃舔肛门的症状可怀疑本病，在肛门处、粪便中或剖检时在大肠发现虫体即可确诊。

【防治措施】

1. 预防　①加强兔舍、兔笼卫生管理。对食盒、饮水用具定期消毒，粪便堆积发酵处理。②引进的种兔隔离观察1个月，确认无病方可入群。③兔群每年进行2次定期驱虫。可用丙硫苯咪唑（抗蠕敏）或伊维菌素。

2. 治疗　①伊维菌素，有粉剂、胶囊和针剂，根据说明使用。②丙硫苯咪唑。每千克体重10毫克，口服，每天1次，连用2天。③左旋咪唑。每千克体重5~6毫克，口服，每天1次，连用2天。④哌嗪、芬苯达唑。按说明使用。

【诊治注意事项】

本病容易诊断。虽然致死率极低，但对兔的休息和营养利用影响较大，故应引起重视。

十七、螨 病

兔螨病又称疥癣病，是由痒螨和疥螨等寄生于体表或真皮而引起的一种高度接触性慢性外寄生虫病，其特征为病兔剧痒、结痂性皮炎、脱毛和消瘦。

【病 原】

兔螨病病原为耳螨、毛螨和穴螨 3 大类螨虫。常见的耳螨为兔痒螨，虫体较大，肉眼可见，呈长圆形，大小为 0.5 ~ 0.9 毫米（图 17-1）。常见的毛螨为寄食姬螨和囊凸牦螨，秋季恙螨和鸡刺皮螨是较为少见的毛螨。穴螨中的兔疥螨对兔群危害最大，也最为常见，虫体较小，肉眼勉强能见，圆形，色淡黄，背部隆起，腹面扁平。雌螨体长 0.33 ~ 0.45 毫米，宽 0.25 ~ 0.35 毫米；雄螨体长 0.2 ~ 0.23 毫米，宽 0.14 ~ 0.19 毫米（图 17-2）。兔背肛螨较为少见。

【流行特点】

不同年龄的家兔都可以感染本病，但幼兔比成年兔易感性强，发病严重。主要通过健兔和病兔接触而感染，也可由兔

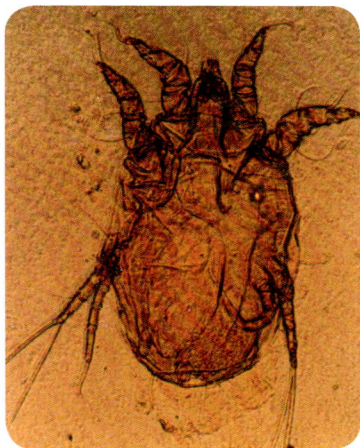

图 17-1　痒螨的形态
（甘肃农业大学家畜寄生虫室）

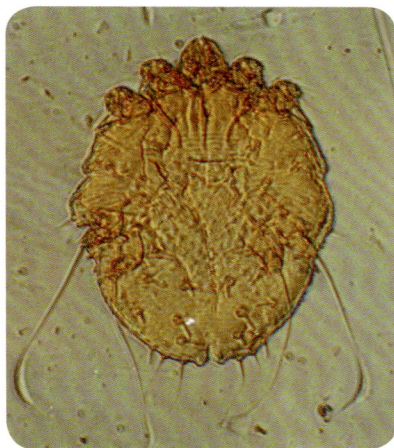

图 17-2　疥螨的形态（甘肃农业大学家畜寄生虫室）

笼，食槽和其他用具而间接传播。日光不足，阴雨潮湿及秋、冬季节最适于螨的生长繁殖和促使本病的发生。

【发病机制】

痒螨除以口器穿刺皮肤，刺吸体液、淋巴液为营养，产生机械性刺激外，还分泌有毒物质，使表皮的神经末梢遭受化学性刺激，引起皮肤的营养障碍和功能破坏；引起病兔外耳道基部红肿、湿润，并形成黄褐色痂皮，甚至堵满耳道，严重者可蔓延至中耳和内耳，引起病兔歪头、斜颈等。由于痒螨刺激病兔的神经末梢，使耳部剧痒，搔耳不安，引起精神不振，食欲减退，甚者消瘦而死。

在疥螨的机械刺激和毒素的作用下，皮肤发生炎性浸润，局部剧痒，发痒处皮肤形成结节和水疱。当病兔蹭痒时，结节、水疱破溃，流出渗出液；渗出液与脱落的上皮细胞、被

95

毛和污垢混杂在一起，干燥后就结成痂皮；痂皮被擦破或除去后，创面有多量渗出液和毛细血管，重新结痂。随着病情的发展，毛囊、汗腺受到侵害，皮肤角质层角化过度，患部脱毛，皮肤肥厚，失去弹性而形成皱褶。由于皮肤发痒，病兔终日啃咬、摩擦和烦躁不安，影响正常的采食和休息，并使胃肠消化、吸收功能降低，日渐消瘦。

【典型症状与病变】

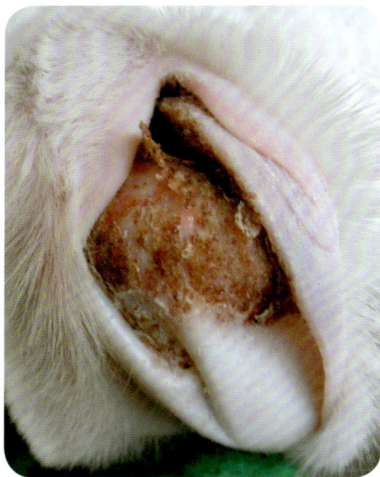

图 17-3　耳郭内皮肤粗糙、结痂，有较多干燥分泌物

1. **痒螨病**　由痒螨引起。主要寄生在耳内，偶尔也可寄生于其他部位，如会阴的皮肤皱襞。病兔频频甩头，检查耳根、外耳道内有黄色痂皮和分泌物（图 17-3），病变蔓延中耳、内耳甚至脑膜炎时，可导致斜颈，转圈运动、癫痫等症状。

2. **毛螨病**　主要寄生于背部和颈部的角质层，但其并不像疥螨一样在皮肤上挖掘隧道。感染本病兔往往与兔患牙齿疾病、肥胖或脊柱病等有关。感染部位可出现皮屑、脂溢性病变及瘙痒症状。有时还可造成过敏性反应。

3. **疥螨病**　由兔疥螨引起。一般先在头部和掌部无毛或短毛部位如脚掌面、脚爪部、耳边缘、鼻尖、口唇、眼圈等部位，引起白色痂皮（图 17-4、图 17-5），然后蔓延到其他部位及全身，兔有痒感，频频用嘴啃咬患部。故患部发炎、脱毛、结痂、皮肤增厚和龟裂，采食下降，如果不及时治疗，最终消瘦、贫血、甚至死亡。有的病例家兔被痒螨、疥螨同时感染（图17-6）。

图 17-4　四肢脚爪均被感染、结痂

图 17-5　嘴唇皮肤结痂、龟裂

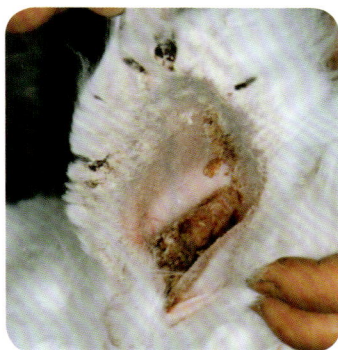
图 17-6　外耳道有淡红色干燥分泌物；耳边缘皮肤增厚、结痂

【诊断要点】

秋、冬季节多发；皮肤结痂脱毛等特征病变，病变部有痒感；在病部与健部皮肤交界处刮取痂皮检查，或用组织学方法检查病部皮肤，发现螨虫即可确诊。

【防治措施】

1. 预防　①定期消毒。兔舍、兔笼定期用火焰或2%敌百虫溶液进行消毒。②发现病兔，应及时隔离治疗，种兔停

止配种。

2. 治疗　①伊维菌素。是目前预防和治疗本病的最有效的药物，有粉剂、胶囊和针剂，根据说明使用。②二嗪磷（螨净）。其成分为 2- 异丙基 -6 甲基 -4 嘧啶基硫代磷酸盐，按 1∶500 比例稀释，涂擦患部。

【诊治注意事项】

注意与湿疹及毛癣菌病鉴别。治疗时注意：①治疗后，隔 7～10 天重复 1 个疗程，直至治愈为止。②治疗与消毒兔笼同时进行。③家兔不耐药浴，不能将整个兔浸泡于药液中，仅可依次分部位治疗。痒螨易治疗，疥螨较顽固，需要多次用药。

外用药治疗疥螨时，为使药物与虫体充分接触，应先将患部及其周围处的被毛剪掉，用温肥皂水彻底刷洗、软化患部，清除硬痂和污物后，用清水冲洗干净，然后再涂抹杀虫药物，效果较好。

十八、腹　泻

腹泻不是独立性疾病，是泛指临床上具有腹泻症状的疾病，主要表现是粪便不成球，稀软，呈粥状或水样。

【病　因】

①饲料配方不合理，如精饲料比例过高即高蛋白高能量，低纤维。②饲料质量。饲料不清洁，混有泥沙、污物等。饲料含水量过多，或吃了大量的冰冻饲料。饮水不卫生。饲粮中食盐添加量过多。③饲料突然更换，饲喂量过多。④兔舍潮湿，温度低，家兔腹部着凉。⑤口腔及牙齿疾病。

此外，引起腹泻的原因还有某些传染病、寄生虫、中毒性疾病和以消化障碍为主的疾病，这些疾病各有其固有症状，并在本书各种疾病中专门介绍，在此不再赘述。

【临床症状与病变】

病兔精神沉郁，食欲不振或废绝。饲料配方和饲养管理不当引起的腹泻，病初粪便只是稀、软，但粪便性质未变

（图 18-1），如果控制不当，就会诱发细菌性疾病如大肠杆菌病、魏氏梭菌病等，粪便就会出现黏液、水样等。

图 18-1 粪便稀、不成形，但性质未变

【诊断要点】

①有饲养管理不当、兔舍温度低等应激史；②粪便不成形，但性质未变。

【防治措施】

1. 预防 ①饲料配方设计合理，饲料、饮水卫生、清洁。变化饲料要逐步进行。②提倡幼兔采取定时定量饲喂技术。③兔舍要保温、通风、干燥和卫生。④饲料中食盐添加量以 0.3%～0.5% 为宜。

2. 治疗 在消除病因的同时控制饲喂量，及早应用抗生素类药物（如庆大霉素等），以防激发感染。对脱水严重的病兔，可灌服口服补液盐（配方为：氯化钠 3.52 克，碳酸氢钠 2.5 克，氯化钾 1.58 克，葡萄糖 20 克，加凉开水 1 000 毫升），或让病兔自由饮用。

【诊疗注意事项】

腹泻种类很多，原因复杂，找出病因，采取有针对性的防控措施，才能收到较好的治疗效果。

十九、盲肠嵌塞

盲肠嵌塞也称盲肠秘结，盲肠阻塞，是指盲肠内容物呈现干的、紧实的现象，它不是一种病，而是许多种疾病的临床表现。盲肠嵌塞在幼兔中比在成年兔中发生得多。脱水可能对其病因病理机制有影响。

【病　因】

引起盲肠秘结的原因尚不太清楚，但与以下因素有关。①粗纤维饲料不足。②纤维饲料过于细小；饲喂吸收水分的小纤维颗粒可能引起盲肠嵌塞。③霉变饲料。④自主神经异常。

【临床症状和病变】

患兔采食减少或停止，腹围增大，用手触摸腹部，盲肠有硬的内容物（图 19-1）。剖检可见盲肠内容物呈现硬、干性状，肠壁菲薄（图 19-2）。

【诊断要点】

发现腹围增大，触摸盲肠粗、硬即可诊断。自主神经功能异常可通过自主神经节的组织病理学进行确定。

图 19-1　精神不振，不食，腹围膨大

图 19-2　盲肠积有干硬粪块，肠壁菲薄

【防治措施】

1. 预防　①防止使用发霉变质的饲料原料；②饲料中粗纤维原料粉碎力度不宜过小；③饲粮中粗纤维饲料比例不宜过高。④淘汰兔群中患自主神经功能异常的个体。

2. 治疗　对患病较轻的个体，口服液体石蜡 24～36 小时后，使用前列腺素疗法（地诺前列素，0.2 毫克/千克体重），同时加强运动，效果较好。

二十、维生素 A 缺乏症

维生素 A 缺乏症是家兔维生素 A 长期摄入不足或吸收功能障碍所引起的一种慢性代谢病，其特征为生长迟缓、角膜混浊和繁殖功能障碍等。

【病　因】

日粮中缺乏青绿饲料、胡萝卜素或维生素 A 添加剂；饲料贮存方法不当如暴晒、氧化等，破坏了饲料中维生素 A 前体。患肠道病、肝球虫病等，影响维生素 A 的吸收转化和储存。

【典型症状与病变】

仔、幼兔生长发育缓慢。母兔繁殖率下降，不易受胎，受胎的易发生早期胎儿死亡和吸收、流产、死产或产出先天性畸形胎儿如脑积液、瞎眼等（图 20-1 至图 20-3）。脑积液兔头颅较大，用手触摸软而大，剖检见脑内有大量的积液（图 20-4）。长期缺乏维生素 A 可引起视觉障碍，如眼睛干燥，结膜发炎，角膜混浊，严重者失明。有的出现转圈，惊厥，左右摇摆，四肢麻痹等症状。

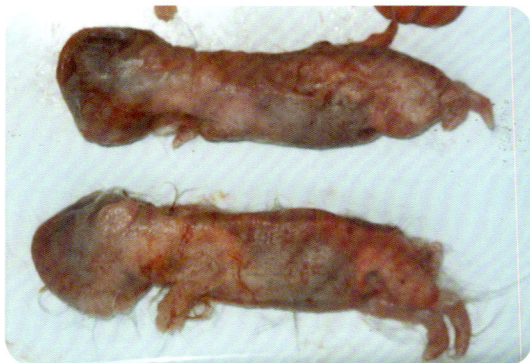

图 20-1　脑积液，初生仔兔头颅骨膨大

图 20-2　仔兔头颅骨积液膨大

图 20-3　整窝仔兔出生后眼角膜混浊，失明

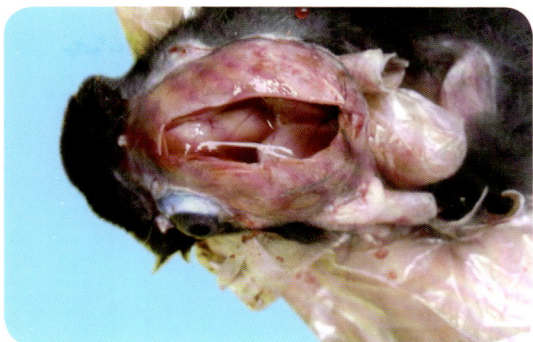

图 20-4　颅腔积液，大脑萎缩

【诊断要点】

①饲料中长期缺乏青饲料或维生素 A 含量不足。有发育迟缓、视力、运动、生殖等功能障碍症状。②测定血浆中维生素 A 的含量，低于每升 20～80 微克为维生素 A 缺乏。

【防治措施】

1. 预防　①经常喂给青绿、多汁饲料。②保障每千克兔饲粮中 1 万单位的维生素 A。③及时治疗兔球虫病和肠道疾病。

2. 治疗　群体饲喂时每 10 千克饲料中添加鱼肝油 2 毫升。个别病例可内服或肌内注射鱼肝油制剂。

【诊治注意事项】

该病的症状在多种疾病都有可能出现，因此诊断时在排除相关疾病后应与饲料营养成分联系起来进行分析。

二十一、维生素E 缺乏症

家兔维生素E缺乏症是由维生素E缺乏引起的营养缺乏病，其特征为幼兔生长迟缓、运动障碍、肌肉变性苍白；成年兔繁殖功能下降等。

【病　因】

饲料中维生素E含量不足；饲料中含过量不饱和脂肪酸（如猪油、豆油等）酸败产生过氧化物，促进维生素E的氧化。兔患肝脏疾病或球虫病时，维生素E储存减少，而利用和破坏反而增加。

【典型症状与病变】

患兔表现强直、进行性肌肉无力。不爱运动，喜卧地，全身紧张性降低（图21-1）。肌肉萎缩并引起运动功能障碍，步样不稳，平衡失调，食欲减退至废绝。体重逐渐减轻，全身衰竭，粪尿失禁，直至死亡。幼兔表现生长发育停滞。母兔受胎率降低，发生流产或死胎；公兔睾丸损伤，精子产生减少。剖检可见骨骼肌、心肌颜色变淡或苍白，镜检呈透明样变性

（图 21-2）、坏死，也见钙化现象，尤以骨骼肌变化明显。

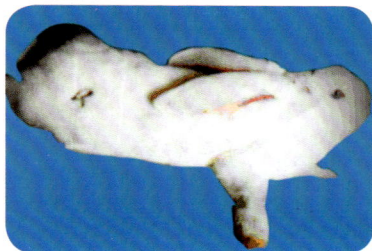

图 21-1　病兔肌肉无力，两前肢向外侧伸展 （王云峰等）

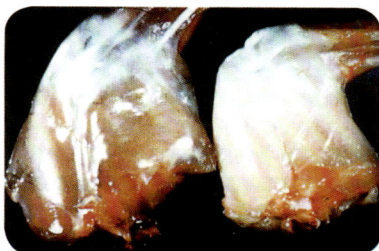

图 21-2　横纹肌透明变性苍白 （程相朝等）

【诊断要点】

根据运动功能障碍、生殖功能下降和肌肉特征性病变可怀疑本病，也可进行治疗性诊断。但综合性诊断较为全面、准确。

【防治措施】

1. 预防　①经常喂给兔青绿多汁饲料，如大麦芽、苜蓿等，或补充维生素 E 添加剂。避免喂含不饱和脂肪酸的酸败饲料。②及时治疗兔肝脏疾病，如兔球虫病等。

2. 治疗　①日粮中添加维生素 E，每千克体重每天 0.32～1.4 毫升。②肌内注射维生素 E 制剂，每次 1 000 单位，每天 2 次，连用 2～3 天。

【诊治注意事项】

本病应进行综合诊断，如发生特点（幼兔多发，群发）、饲料分析（维生素 E 缺乏）、主要症状（运动障碍，心力衰竭）、病理变化（骨骼肌、心肌等变性坏死）。

二十二、佝偻病

佝偻病是幼兔维生素 D 缺乏、钙磷代谢障碍所致的营养代谢疾病，其特征为消化功能紊乱、骨骼变形与运动障碍。

【病　因】

饲料中钙、磷缺乏，钙磷比例不当或维生素 D 缺乏引起。

【典型症状与病变】

图 22-1　病兔不愿走动，喜伏地，四肢向外斜，身体呈匍匐状，凹背

精神不振，四肢向外侧斜，身体呈匍匐状，凹背，不愿走动（图 22-1）。四肢弯曲，关节肿大（图 22-2）。肋骨与肋软骨结合处出现"佝偻珠"（图 22-3）。死亡率较低。血清检查时血清磷水平下降和碱性磷酸酶活性升高，而血清钙变化不明显，仅在疾病后期才有

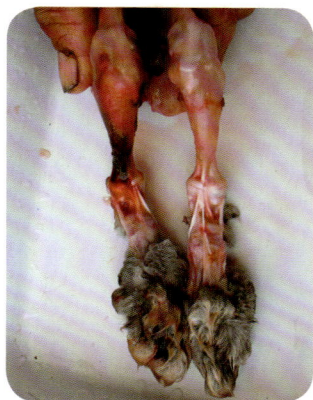

图 22-2 关节肿大

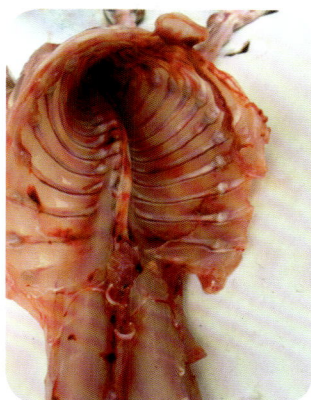

图 22-3 肋骨与肋软骨结合处
肿大，呈串珠状"佝偻珠"

所下降。

【诊断要点】

①检测饲料中钙、磷；②特征症状和骨关节病变；③治疗性诊断，即补钙剂疗效明显。

【防治措施】

1. 预防 保障饲料中添加足量钙磷添加剂（如骨粉或磷酸氢钙等）和维生素 D，增加光照。饲粮中钙、磷和维生素 D 含量分别达 0.7% ~ 1.2%、0.4% ~ 0.6% 和 1 000 单位 / 千克。

2. 治疗 ①维生素 D 胶性钙注射液。每兔每次 1 000 ~ 2 000 单位，肌内注射，每天 1 次，连用 5 ~ 7 天。维生素 AD 注射液，每兔每次 0.3 ~ 0.5 毫升，肌内注射，每天 1 次，连用 3 ~ 5 天。②每兔每天内服磷酸钙 0.5 ~ 1 克或骨粉 1 ~ 2 克。

【诊治注意事项】

幼兔饲料中钙磷比例要适当（1 ~ 2∶1），高于或低于此比例，尤其是伴有轻度维生素 D 不足即可发生此病。

二十三、尿石症

尿石症即尿结石，是指尿路中形成硬如沙石状的盐类凝固物，刺激黏膜引起出血、炎症和尿路阻塞等病变的疾病。

【病　因】

饲喂高钙饲粮，饮水不足，维生素 A 缺乏，饲粮中精饲料比例过大，肾及尿路感染发炎等均可引起本病。

【典型症状与病变】

病初无明显症状，随后精神萎靡，不思饮食或不吃颗粒饲料，仅采食青绿、多汁饲料，尿量很少或呈滴状淋漓，尾部经常性被尿液浸湿。排尿困难，拱背，粪便干、硬、小，有时排血尿，日渐消瘦，后期后肢麻痹、瘫痪。剖检见肾盂、膀胱与尿道内有大小不等、多少不一的淡黄色结石，局部黏膜出血、水肿或形成溃疡（图 23-1 至图 23-4）。

【诊断要点】

成年兔、老龄兔多发。病兔仅采食青绿、多汁饲料。有

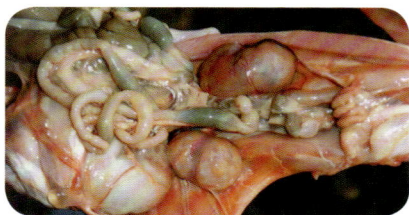

图 23-1　肾盂中有结石形成，故肾脏肿大，表面凹凸不平，颜色变淡

图 23-2　肾脏肿大、表面凹凸不平

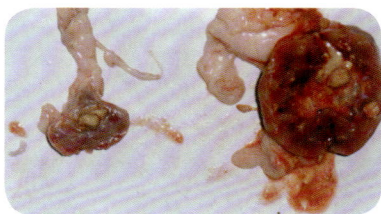

图 23-3　右肾肿大，出血。左肾萎缩，在肾切面见肾盂中有淡黄色的大小不等的结石

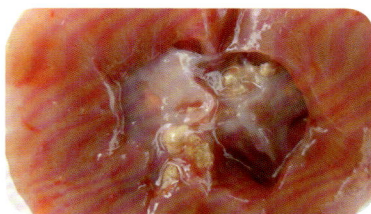

图 23-4　肾盂中有大小不等的结石

排尿困难等症状。按摸两侧肾脏，有石头样感觉。肾肿大或萎缩。尿路有结石及病变。

【防治措施】

1. 预防　合理配制饲粮，精饲料比例不宜过高，钙、磷比例适中，补充维生素 A，保证充足的饮水

2. 治疗　①结石较小时，每日口服氯化铵 0.1 ~ 0.2 克，连用 3 ~ 5 天，停药 3 ~ 5 天后再按同法治疗 5 天。②较大的肾结石、膀胱结石应施行手术治疗或做淘汰处理。

【诊治注意事项】

临床症状是诊断本病的重要依据，但不能以此做确诊，必须仔细检查，排除其他泌尿系统疾病。

二十四、异食癖

异食癖是由于代谢功能紊乱，味觉异常的一种非常复杂的多种疾病的综合征。临床上认为无营养价值而不应采食的东西为特征，常见的有食仔癖、食毛癖和食足癖等，它不只是一种病，而且是许多疾病（如骨软症、慢性消化不良等）的一种临床症状。多发生在冬季和早春舍饲的兔群。

【病　因】

本病病因比较复杂，一般认为与以下因素有关。①饲料中缺乏某些矿物质和微量元素。②饲料中维生素的缺乏特别是 B 族维生素的缺乏。③饲料中某些蛋白质和氨基酸的缺乏。临床上母兔吞食仔兔、家兔食毛可能就是这个原因。④一些疾病的经过中出现异食现象。如佝偻病、慢性消化不良、寄生虫疾病等。

母兔食仔还可能与母兔产前、产后得不到充足的饮水，口渴难忍有关。

【典型症状与病变】

1. 食仔癖　本病表现母兔吞食刚生下或产后数天的仔兔。有些将胎儿全部吃掉，仅发现笼底或巢箱内有血迹，有些则食入部分肢体（图24-1）。

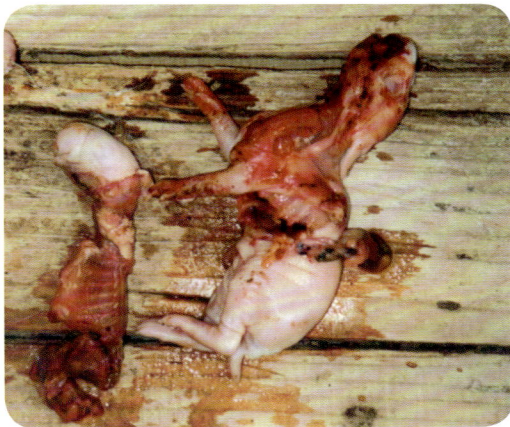

图24-1　被母兔吞食后剩余的仔兔残体

2. 食毛癖　本病多发于1～3月龄的幼兔。较常见于秋、冬或冬、春季节。主要症状为病兔头部或其他部位缺毛。自食、啃吃他兔或相互啃食被毛现象（图24-2、图24-3）。

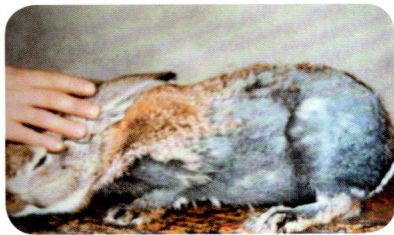

图24-2　右侧兔正在啃食左侧兔的被毛，左侧兔体躯大片被毛已被啃食掉

图24-3　除头、颈、耳难以啃到的部位外，身体大部分被毛均被自己吃掉

食欲不振，好饮水，大便秘结，粪球中常混有兔毛。触诊时可感到胃内或肠内有块状物，胃体积膨大。剖检见胃内容物混有毛或形成毛球，有时因毛球阻塞胃而导致肠内空虚现象，或毛球阻塞肠而继发阻塞部前段肠臌气（图 24-4、图 24-5）。

图 24-4　从胃中取出的大块毛团

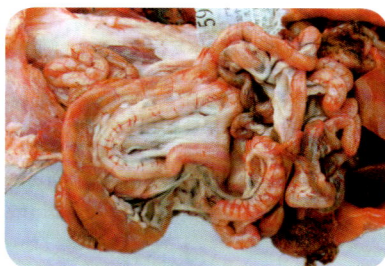

图 24-5　毛球阻塞胃使肠道空虚

3. 食足癖　家兔不断啃咬脚趾尤其是后脚趾，伤口经久不愈。严重的露出趾节骨，有的感染化脓或坏死（图 24-6）。

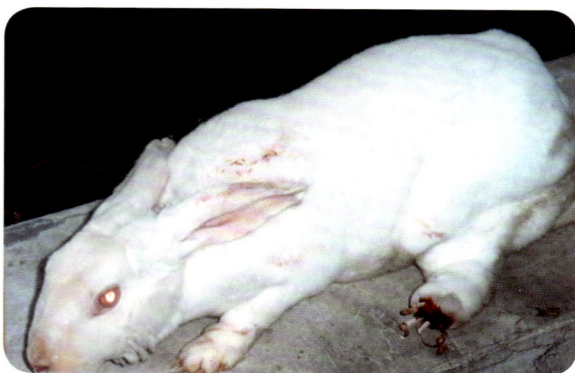

图 24-6　被啃咬的后脚趾，已露出趾骨，并有出血

【诊断要点】

①冬季、初春多发；②有明显的临床症状。

【防治措施】

1. 预防　①供给家兔营养均衡的饲粮。饲粮中应富含蛋白质、钙、磷、微量元素和维生素等营养物质。②产箱要事先消毒，垫窝所用草等物切勿带异味。产前、产后供给母兔充足饮水。分娩时保证舍内安静。产仔后，检查巢窝，发现死亡仔兔，立即清理掉。检查仔兔时，必须洗手后（不能涂擦香水等化妆品）或带上消毒手套进行。③日常及时清理掉在饮水盆和垫草上的兔毛。兔毛可用火焰喷灯焚烧。每周停喂 1 次粗饲料可以有效控制毛球的形成，也可在饲料中添加 1.87% 氧化镁，防止食毛症的发生。④及时治疗体内外寄生虫病和慢性消耗性疾病等。

2. 治疗　①一旦发现母兔食仔症状时，迅速把产箱连同仔兔拿出，采取母仔分离饲养。对于连续两胎食仔的母兔做淘汰处理。②食毛兔的治疗。病情轻者，多喂青绿多汁饲料，多运动即可治愈。胃肠如有毛球可内服植物油，如豆油或蓖麻油，每次 10～15 毫升，然后让家兔运动，待采食时再喂给易消化的柔软饲料。同时，用手按摩胃肠，排出毛球。对于胃肠毛球治疗无效者，应施行外科手术取出或淘汰病兔。③食足癖目前无有效治疗方法，可对症治疗。

【诊治注意事项】

供给营养均衡的饲粮是预防本病的有效措施。

二十五、霉菌毒素中毒

霉菌毒素中毒是指家兔采食了发霉饲料而引起的中毒性疾病。是目前危害养兔生产的主要疾病之一。

【病　因】

自然环境中，许多霉菌寄生于含淀粉的粮食、糠麸、粗饲料上，如果温度（28℃左右）和湿度（80%~100%）适宜，就会大量生长繁殖，有些会产生毒素，家兔采食即可引起中毒。常见的毒素有黄曲霉毒素、赤霉菌毒素等。

【典型症状与病变】

精神沉郁，不食，便秘后腹泻（图25-1），粪便带黏液或

图25-1　腹泻

图25-2　黏液粪便

血（图 25-2），流涎，口唇皮肤发绀。

常将两后肢的膝关节凸出于臀部两侧，呈"山"字形伏卧笼内，呼吸急促，出现神经症状，后肢软瘫，全身麻痹。母兔不孕，妊娠母兔流产。慢性者精神萎靡，不食，腹围膨大。剖检见肺充血、出血（图 25-3）。

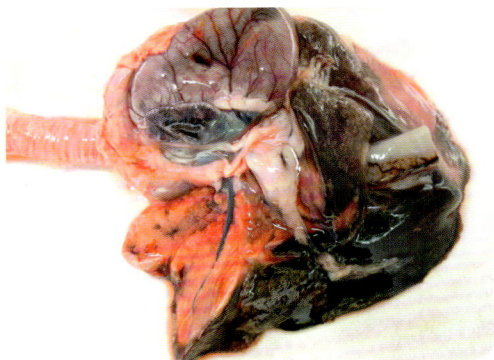

图 25-3　肺充血、有出血斑

肠黏膜易脱落，肠腔内有白色黏液（图 25-4）。肾、脾肿大，淤血（图 25-5）。有的盲肠积有大量硬粪，肠壁菲薄，有

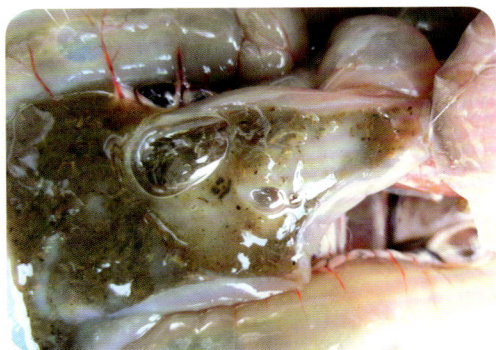

图 25-4　肠黏膜脱落，肠腔内容物混有白色黏液

图 25-5　肾、脾肿大，淤血

的浆膜有出血斑点。

【诊断要点】

①有饲喂霉变饲料史；②触诊大肠内有硬结；③肺、肾、脾淤血肿大等病变；④检测饲料霉菌或毒素。

【防治措施】

1. 预防　①禁喂霉变饲料是预防本病的重要措施。在饲料的收集、采购、加工、保管等环节加以注意，②饲料中添加防霉制剂如 0.1% 丙酸钠或 0.2% 丙酸钙对霉菌有一定的抑制作用。

2. 治疗　首先停喂发霉饲料，用 2% 碳酸氢钠溶液 50～100 毫升灌服洗胃，然后灌服 5% 硫酸钠溶液 50 毫升，或稀糖水 50 毫升，外加 10% 维生素 C 2 毫升。或将大蒜捣烂喂服，每兔每次 2 克，每天 2 次。10% 葡萄糖注射液 50 毫升，加维生素 C 注射液 2 毫升，静脉注射，每天 1～2 次；或氯化胆碱 70 毫升、维生素 B_{12} 5 毫克、维生素 E 注射液 10 毫克，一次口服。

【诊疗注意事项】

霉菌毒素种类不同，症状、剖检病变各异。注意与其他中毒性疾病鉴别。

二十六、不 孕 症

不孕症是引起母兔暂时或永久性不能生殖的各种繁殖障碍的总称。

【病 因】

①母兔过肥、过瘦，饲料中蛋白质缺乏或质量差，维生素A、维生素E或微量元素等含量不足，换毛期间内分泌功能紊乱。②公兔过肥，长时间不用。配种方法不当。③各种生殖器官疾病，如胎儿滞留、子宫炎，阴道炎，卵巢脓肿、肿瘤等。④生殖器官先天性发育异常等。

【典型症状与病变】

母兔在性成熟后或产后一段时间内不发情或发情不正常（无发情表现、微弱发情、持续性发情等），或母兔经屡配或多次人工授精不受胎。母兔排出白色脓汁（图26-1）。剖检可见母兔过肥、卵巢被脂肪包裹，胎儿滞留子宫内，卵巢有脓肿，子宫内膜炎，子宫壁有脓肿，卵巢肿瘤或生殖器官先天异常等（图26-2至图26-6）。

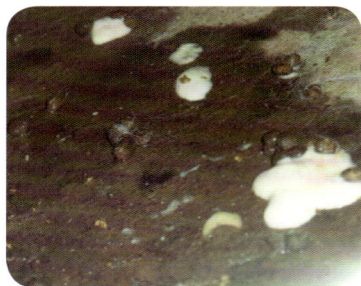

图 26-1　从子宫内排出白色脓汁

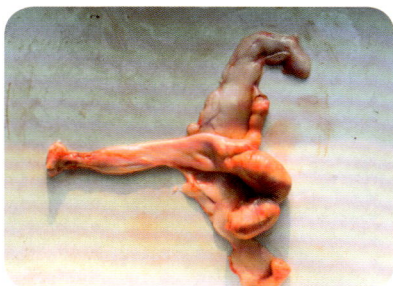

图 26-2　子宫内胎儿木乃伊化

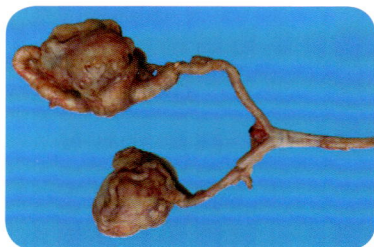

图 26-3　卵巢脓肿

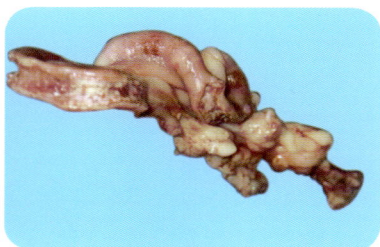

图 26-4　子宫内膜潮红，附有白色脓汁

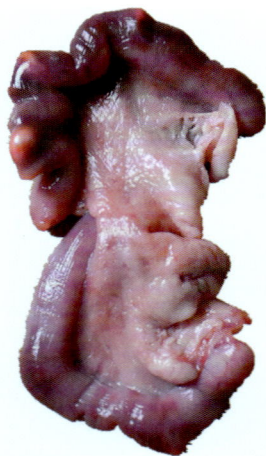

图 26-5　子宫黏膜上的白色脓肿

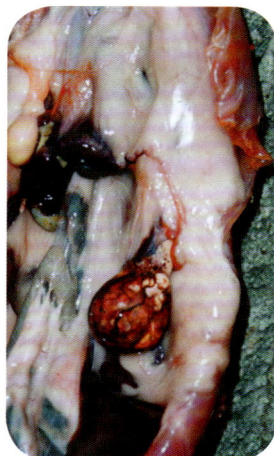

图 26-6　卵巢肿瘤

【诊断要点】

多次配种不受胎。子宫蓄脓、卵巢肿瘤等可通过触诊进行判定。

【防治措施】

1. 预防 ①根据不孕症的原因制订防治计划，如加强饲养管理，供给全价日粮，保持种兔正常体况，防止过肥、过瘦。光照充足。②掌握发情规律，适时配种。③及时治疗或淘汰患生殖器官疾病的种兔。对屡配不孕者应检查子宫状况，有针对性地采取相应措施。

2. 治疗 ①过肥的兔通过降低饲料营养水平或控制饲喂量降低膘情，过瘦的种兔采取增加饲料营养水平或饲喂量，恢复体况。②若因卵巢功能降低而不孕，可试用激素治疗。皮下或肌内注射促卵泡素（FSH），每次0.6毫克，用4毫升生理盐水溶解，每日2次，连用3天，于第四天早晨母兔发情后，再耳静脉注射促黄体素（LH）2.5毫克，之后马上配种。用量一定要准，量过大反而效果不佳。③确认卵巢、子宫病变的做淘汰处理。

【诊疗注意事项】

对因体况造成的不孕可通过调整营养供应进行治疗。

二十七、妊娠毒血症

妊娠毒血症是家兔妊娠末期营养负平衡所致的一种代谢障碍性疾病，由于有毒代谢产物的作用，致使出现意识和运动功能紊乱等神经症状。主要发生于妊娠母兔产前 4～5 天或产后。

【病　因】

病因仍不十分清楚，但妊娠末期营养不足，特别是碳水化合物缺乏易发本病，尤以怀胎多且饲喂不足的母兔多见。可能与内分泌功能失调、肥胖和子宫肿瘤等因素有关。

【临床症状与病变】

初期精神极度不安，常在兔笼内无意识漫游，甚至用头顶撞笼壁，安静时缩成一团，精神沉郁，食欲减退，全身肌肉间歇性震颤，前后肢向两侧伸展（图 27-1），有时呈强直痉挛。

严重病例出现共济失调，惊厥，昏迷，最后死亡。剖检见心脏增大，心内、外膜均有黄白色条纹，肠系膜脂肪有坏死区（图 27-2、图 27-3）。肝脏、肾脏肿大，带黄色。器官组织可

图 27-1　患兔全身无力，软瘫

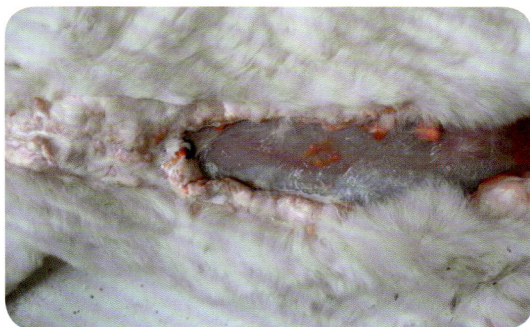

图 27-2　妊娠毒血症，乳腺分泌旺盛

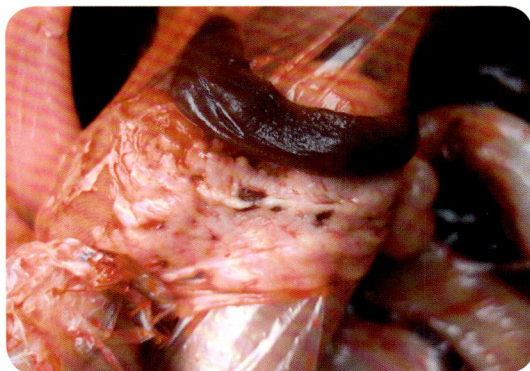

图 27-3　肠系膜脂肪见灰白色坏死区

见明显的肝和肾脂肪变性。

【诊断要点】

①本病只发生于母兔如妊娠与泌乳母兔，其他年龄母兔、公兔不发生。②临床症状和病理特点。③血液中非蛋白氮显著升高，血糖降低和蛋白尿。

【防治措施】

1. 预防 ①合理搭配饲料，妊娠初期，适当控制母兔营养，以防过肥。②妊娠末期，饲喂富含碳水化合物的全价饲料，避免不良刺激如饲料和环境突然变化等。

2. 治疗 添加葡萄糖可防止酮血症的发生和发展。治疗原则是保肝解毒，维护心、肾功能，提高血糖，降低血脂。发病后口服丙二醇4毫升，每天2次，连用3~5天。还可试用肌醇注射液2毫升、10%葡萄糖注射液10毫升、10%维生素C注射液1毫升，一次静脉注射，每天1~2次。肌内注射复合维生素B注射液1~2毫升，有辅助治疗作用。

【诊疗注意事项】

本病治疗效果缓慢，要耐心细致。

二十八、溃疡性脚皮炎

溃疡性脚皮炎是指家兔跖骨部的底面，以及掌骨、指骨部的侧面所发生的损伤性溃疡性皮炎。该病对繁殖兔危害严重。

【病　因】

笼底板粗糙、高低不平，金属底网铁丝太细、凹凸不平，兔舍过度潮湿均易引发本病。神经过敏，脚毛不丰厚的成年兔、大型兔种较易发生。

【典型症状与病变】

患兔食欲下降，体重减轻，驼背，呈踩高跷步样，四肢频频交换支持负重。跖骨部底面或掌部侧面皮肤上覆盖干燥硬痂或大小不等的局限性溃疡（图28-1、图28-2）。溃疡部可继发细菌感染，有时在痂皮下发生脓肿（多因金黄色葡萄球菌感染）。

【诊断要点】

獭兔易感，笼底制作不规范的兔群易发。后肢多发。有上

图 28-1　跖骨部底面皮肤破溃并出血

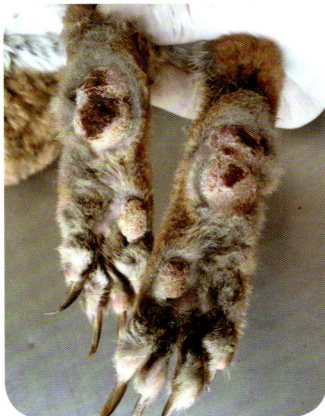

图 28-2　后肢跖骨部底面皮肤多处发生溃疡、结痂

述典型症状与病变。

【防治措施】

1. 预防　①兔笼地板以竹板为好，笼底要平整，竹板上无钉头外露，笼内无锐利物等。③保持兔笼、产箱内清洁、卫生、干燥。④选择脚毛丰厚者作种用。

2. 治疗　先将患兔放在铺有干燥、柔软的垫草或木板的笼内。治疗方法有：①用橡皮膏围绕病灶重复缠绕（尽量放松缠绕），然后用手轻握压，压实重叠橡皮膏，20～30 天可自愈。②先用 0.2% 醋酸铅溶液冲洗患部，清除坏死组织，并涂擦 15% 氧化锌软膏或土霉素软膏。当溃疡开始愈合时，可涂擦 2% 龙胆紫溶液。如病变部形成脓肿，应按外科常规排脓后用抗生素药物进行治疗。

【诊疗注意事项】

局部治疗应和全身治疗结合。

二十九、创伤性脊椎骨折

创伤性脊椎骨折又称截瘫，断背，后躯麻痹。系因椎骨骨折或变位，脊椎受到机械损伤，常造成后躯麻痹。这种病在家兔十分常见。

【病　因】

捕捉、保定方法不当、受惊乱窜或从高处跌落及长途运输等原因均可使腰椎骨折、腰荐脱位。

【典型症状与病变】

后躯完全或部分突然麻痹，病兔拖着后肢行走（图29-1）。脊髓受损，肛门和膀胱括约肌失控，粪尿失禁，臀部被粪尿污染（图29-2）。

轻微受损时，也可于较短的时间内恢复。剖检见脊椎某段受损断裂，局部有充血、出血、水肿和炎症等变化，膀胱因积尿而胀大（图29-3、图29-4）。

图 29-1 后肢瘫痪，病兔拖着后肢行走

图 29-2 脊髓受损，后肢瘫痪，粪尿失禁，沾污肛门周围被毛及后肢

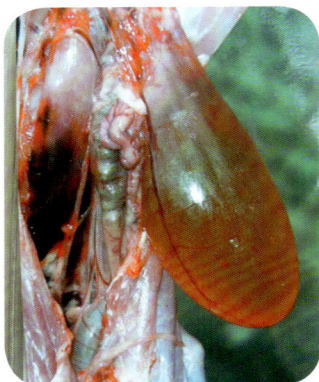

图 29-3 腰椎骨折断处明显出血，膀胱积尿

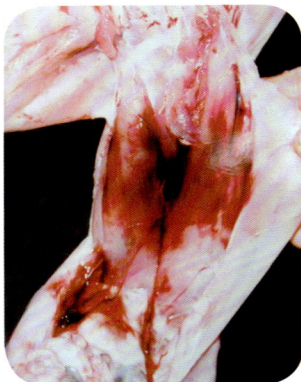

图 29-4 腰椎骨折断，淤血、出血

【诊断要点】

突然发病，症状明显，剖检时见脊椎骨局部有明显病变，骨折常发生在第七椎体或第五腰椎后侧关节突。

【防治措施】

本病无有效的治疗方法，以预防为主。①保持舍内安静，防止生人、其他动物（如狗、猫等）进入兔舍。②正确抓兔和保定兔，切忌抓腰部或提后肢。③关好笼门，防止兔从高层掉下。

三十、直肠脱、脱肛

直肠脱是指直肠后段全层脱出于肛门之外，若仅直肠后段黏膜突出于肛门外则称为脱肛。

【病　因】

本病的主要原因是慢性便秘、长期腹泻、直肠炎及其他使兔体经常努责的疾病。营养不良，年老体弱，长期患某些慢性消耗性疾病与某些维生素缺乏等是本病发生的诱因。

【典型症状与病变】

病初仅在排便后见少量直肠黏膜外翻，呈球状，为紫红色或鲜红色（图30-1），但常能自行恢复。如进一步发展，脱出部不能自行恢复，且增多变大，使直肠全层脱出而成为直肠脱（图30-2至图30-4）。直肠脱多呈棒状，黏膜组织水肿、淤血，呈暗红色或青紫色，易出血。表面常附有兔毛、粪便和草屑等污物。随后黏膜坏死、结痂。严重者导致排粪困难，体温、食欲等均有明显变化，如不及时治疗可引起死亡。

129

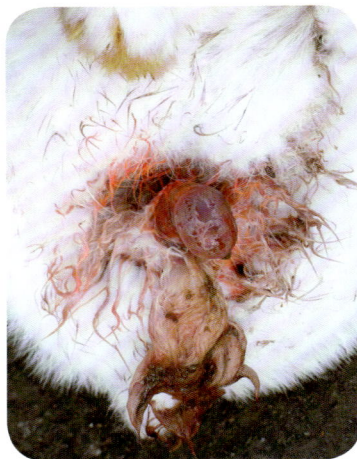

图 30-1 直肠后段黏膜突出于肛门外，呈紫红色椭圆形，组织水肿，表面溃烂

图 30-2 直肠脱，脱出物坏死

图 30-3 直肠脱

图 30-4 离体的直肠和脱出的直肠

【诊断要点】

根据症状和病变即可确诊。

【防治措施】

1. 预防　加强饲养管理，适当增加光照和运动，保持兔舍清洁干燥，及时治疗消化系统疾病。

2. 治疗　①轻者的治疗。用0.1%新洁尔灭溶液等清洗消毒后，提起后肢，由手指送入肛门复位。严重水肿，部分黏膜坏死时，清洗消毒后，小心除去坏死组织，轻轻整复。整复困难时，用注射针头遍刺水肿部，用浸有高渗液的温纱布包裹，并稍用力挤压出水肿液，再行整复。为防止再次脱出，整复后肛门周围做荷包缝合，但要注意松紧适度，以不影响排粪为宜。为防止剧烈努责，可在肛门上方与尾椎之间注射1%盐酸普鲁卡因注射液3~5毫升。②若脱出部坏死糜烂严重，无法整复，则行切除手术或淘汰。

【诊疗注意事项】

治疗和修复后都应保持兔笼清洁和兔舍安静，以防感染和复发。

三十一、遗传性疾病

家兔常见的遗传性疾病有牙齿生长异常、"牛眼"、"八字腿"、肾囊肿、黄脂、缺毛症等。

【病　因】

①遗传因素。②饲养管理不当不合理。③笼具安装不合理。

【临床症状与病变】

1. 牙齿生长异常　各种兔均可发生，青年兔多发，上、下门齿或二者均过长，且不能咬合。下门齿常向上、向嘴外伸出，上门齿向内弯曲，常刺破牙龈、嘴唇黏膜和流涎（图31-1）。患兔因不能正常采食，出现消瘦，营养不良。若不及时处理，最终因衰竭而死亡。

图31-1　下门齿过度生长，伸向口外，无法采食

2. **"牛眼"** 5 月龄左右兔易发，单侧或双侧发生。患兔眼前房增大，角膜清晰或轻微混浊，随后失去光泽，逐渐混浊，结膜发炎，眼球突出和增大像牛眼一样（图 31-2）。

图 31-2　患兔眼大而突出，似牛眼

3. **开张腿** 病兔不能把一条腿或所有腿收到腹下，行走时姿势像"划水"一样，无力站起，总以腹部着地躺着（图 31-3）。症状轻者可做短距离的滑行，病情较重时则引起瘫痪，患兔采食量大，但增重慢。

图 31-3　四肢向外伸展，腹部着地

4. 缺毛症　患兔仅在头部、四肢和尾部有正常的被毛生长，而躯体部只长有稀疏的粗毛，缺乏绒毛（图 31-4）。同窝其他仔兔缺毛症的发病率也较高。

图 31-4　缺毛症　躯体部无绒毛生长，只有少量粗毛，仅在头部、四肢和尾部有浓密的正常被毛覆盖

5. 黄脂　生前无临床症状，一般在剖检时才被发现。对黄脂纯合子兔，脂肪的颜色因饲料中胡萝卜类色素群含量水平不同而不同，可从淡黄色至橘黄色（图 31-5）。

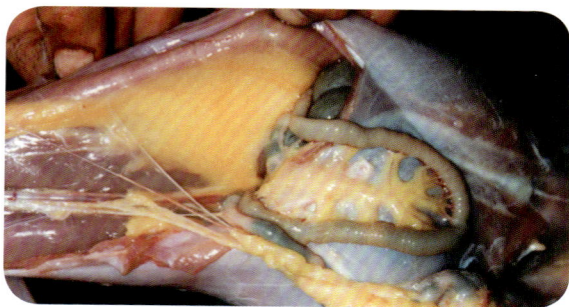

图 31-5　黄脂，脂肪呈深黄色

134

【诊断要点】

根据临床症状一般可做出诊断。

【防治措施】

1. 预防 ①加强选种选育。淘汰有症状的兔只。②科学饲养管理。③笼具设计、安装科学合理。

2. 治疗 患遗传性疾病的家兔要适时淘汰。

患牙齿生长异常的幼兔可用钳子或剪刀定期将门齿过长的部分剪下，断端磨光，达出栏标准时淘汰。开张腿的病兔，如病情轻微，可在笼底垫以塑料网，或许能控制疾病的发展。

参考文献

［1］任克良，陈怀涛．兔病诊疗原色图谱（第二版）［M］．北京：中国农业出版社，2014.

［2］任克良．兔病诊断与防治原色图谱（第二版）［M］．北京：金盾出版社，2012.

［3］王永坤，刘秀梵，符敖齐．兔病防治［M］．上海：上海科学技术出版社，1990.

［4］蒋金书．兔病学［M］．北京：北京农业大学出版社，1991.

［5］任克良．现代獭兔养殖大全［M］．太原：山西科学技术出版社，2002.

［6］程相朝，薛帮群，等．兔病类症鉴别诊断彩色图谱［M］．北京：中国农业出版社，2009.

［7］任克良．兔场兽医师手册［M］．北京：金盾出版社，2008.

［8］谢三星．兔病［M］．北京：中国农业出版社，2009.

［9］谷子林，秦应和，任克良．中国养兔学［M］．北京：中国农业出版社，2013.